普通高等学校新工科校企共建智能制造相关专业系列教材
智能制造高端工程技术应用人才培养新形态一体化系列教材

工业机器人
应用实践

组　编　工课帮

主　编　李文慧
副主编　杜逢星　王海兰
参　编　刘鸣威　白　君

華中科技大學出版社
http://www.hustp.com
中国·武汉

图书在版编目(CIP)数据

工业机器人应用实践/工课帮组编;李文慧主编. —武汉:华中科技大学出版社,2020.8(2024.7 重印)
ISBN 978-7-5680-6480-4

Ⅰ.①工… Ⅱ.①工… ②李… Ⅲ.①工业机器人 Ⅳ.①TP242.2

中国版本图书馆 CIP 数据核字(2020)第 147691 号

工业机器人应用实践 工课帮 组编
Gongye Jiqiren Yingyong Shijian 李文慧 主编

策划编辑:袁 冲
责任编辑:白 慧
责任监印:朱 玢
出版发行:华中科技大学出版社(中国·武汉) 电话:(027)81321913
武汉市东湖新技术开发区华工科技园 邮编:430223
录 排:华中科技大学惠友文印中心
印 刷:武汉邮科印务有限公司
开 本:787mm×1092mm 1/16
印 张:10.5
字 数:280 千字
版 次:2024 年 7 月第 1 版第 2 次印刷
定 价:39.00 元

“工课帮”简介

武汉金石兴机器人自动化工程有限公司(简称金石兴)是一家专门致力于工程项目与工程教育的高新技术企业,“工课帮”是金石兴旗下的高端工科教育品牌。

自“工课帮”创立以来,教学研发团队一直致力于打造精品课程资源,不断在产、学、研三个层面创新执教理念与教学方针,并集中“工课帮”的优势力量,有针对性地出版了智能制造系列教材二十多种,制作了教学视频数十套,发表了各类技术文章数百篇。

“工课帮”不仅研发智能制造系列教材,还为高校师生提供配套学习资源与服务。

为高校学生提供的配套服务:

(1) 针对高校学生在学习过程中压力大等问题,“工课帮”为高校学生量身打造了“金妞”,“金妞”致力推行快乐学习。高校学生可添加QQ(2360363974)获取相关服务。

(2) 高校学生可用QQ扫描下方的二维码,加入“金妞”QQ群,获取最新的学习资源,与“金妞”一起快乐学习。

为工科教师提供的配套服务:

针对高校教学,“工课帮”为智能制造系列教材精心准备了“课件+教案+授课资源+考试库+题库+教学辅助案例”系列教学资源。高校老师可联系大牛老师(QQ:289907659),获取教材配套资源,也可用QQ扫描下方的二维码,进入专为工科教师打造的师资服务平台,获取“工课帮”最新教师教学辅助资源。

“工课帮”编审委员会
（排名不分先后）

“工课帮”编写委员会
（排名不分先后）

前言 QIANYAN

机器人是先进制造业的重要支撑装备，也是未来智能制造业的关键切入点，工业机器人作为机器人家族中的重要一员，是目前技术最成熟、应用最广泛的一类机器人。工业机器人的研发和产业化应用是衡量一个国家科技创新和高端制造发展水平的重要标志。发达国家已经把工业机器人产业发展作为抢占未来制造业市场、提升竞争力的重要途径。

当前，随着我国劳动力成本上涨，人口红利逐渐消失，生产方式向柔性、智能、精细转变，对工业机器人的需求呈现大幅增长，构建新型智能制造体系迫在眉睫。大力发展工业机器人产业，对于打造我国制造业新优势、推动工业转型升级、加快制造强国建设、改善人民生活水平具有深远意义。《中国制造 2025》将机器人作为重点发展领域的总体部署，推动机器人发展上升到国家战略层面。

工业机器人技术专业具有知识面广、实操性强等显著特点。为了提高教学效果，在教学方法上，建议采用启发式翻转课堂，实施开放性教学，重视任务驱动和小组讨论。本书还附有部分学习资源，感兴趣的读者可扫描附录 C 中的二维码获取。

本书在编写过程中，得到了武汉金石兴机器人自动化工程有限公司工程技术处及校企合作的各院校教师的鼎力支持与帮助，在此表示衷心的感谢！

尽管编者主观上想努力使读者满意，但书中肯定会有不尽如人意之处，欢迎读者提出宝贵的意见和建议。

如有问题请发邮件至 2360363974@qq.com。

编　者

2020 年 5 月

目录 MULU

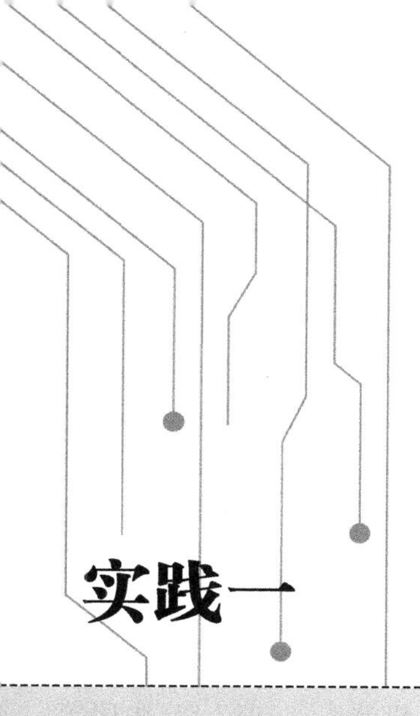

实践一

工业机器人轨迹示教

工业机器人是面向工业领域的多关节机械手或多自由度的机器装置，可在三维空间完成各种作业。工业机器人在执行作业任务前，用户需示教手部的目标位姿和特定路径，使机器人控制器根据程序要求计算出到达该目标的路径点、持续时间、运动速度等轨迹参数，并对各关节的驱动元件发出控制命令，驱动关节运动，使手部到达目标位置。

1.1 工程现场

1.1.1 工程应用

点焊机器人(spot welding robot)是用于点焊自动作业的工业机器人。世界上第一台点焊机器人于1965年开始使用，是美国Unimation公司推出的Unimate机器人。1987年，中国第一台自主研制的点焊机器人——华宇-Ⅰ型点焊机器人通过鉴定。点焊是一种用焊枪电极对要接合的材料进行加压，在短时间内加以强大电流，利用电阻发热来熔化、接合材料的焊接方法，具有工作效率高、节约劳动力、成品整体性好、成本较低等优点。

在汽车制造业中，白车身的大部分拼接工作都是通过点焊来完成的，一辆整车大概有几千个焊点。在点焊的预压阶段，电极对结合部位加压，使焊件之间有良好的接触。为了使电极与车身接触良好，应尽量使电极帽与车身保持垂直，如图1-1所示。在整个焊接过程中，机器人需要不断调整焊枪的姿态和位置，使焊枪在各个焊点工作，如图1-2所示。

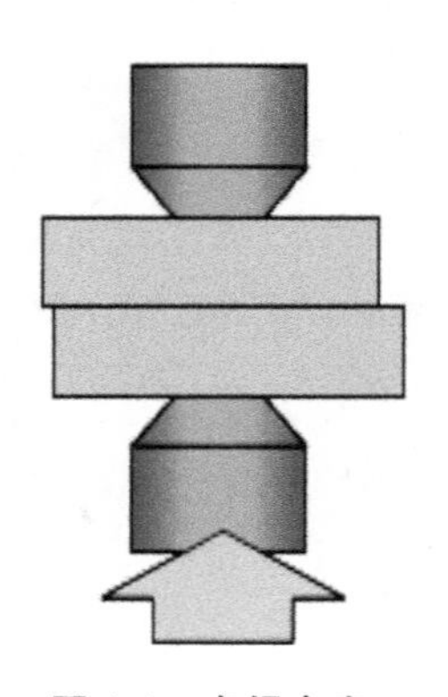

图1-1　点焊车身

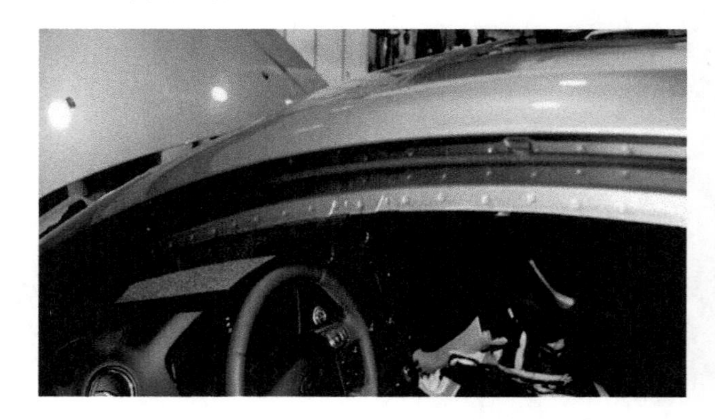

图1-2　车身上的焊点

1.1.2 工程案例

图1-3所示的工业机器人点焊工作站的工作任务是完成车身门框处的点焊工作。车身门框材料是镀锡碳钢板，厚度为3 mm。

工业机器人点焊工作站由机器人系统、伺服机器人焊钳、冷却水系统、电阻焊接控制装置、焊接工作台等组成，采用双面单点焊方式。点焊机器人系统如图1-4所示，图中各设备的名称如表1-1所示。

表1-1　点焊机器人系统中各设备名称

设备序号	设备名称	设备序号	设备名称
(1)	机器人本体(ES165D)	(12)	机器人变压器

续表

设备序号	设备名称	设备序号	设备名称
(2)	伺服焊钳	(13)	焊钳供电电缆
(3)	电极修磨机	(14)	机器人控制柜 DX100
(4)	手首部集合电缆(GISO)	(15)	点焊指令电缆(I/F)
(5)	焊钳伺服控制电缆 S1	(16)	机器人供电电缆 2BC
(6)	气/水管路组合体	(17)	机器人供电电缆 3BC
(7)	焊钳冷水管	(18)	机器人控制电缆 1BC
(8)	焊钳回水管	(19)	焊钳进气管
(9)	点焊控制箱冷水管	(20)	机器人示教器(PP)
(10)	冷水阀组	(21)	冷却水流量开关
(11)	点焊控制箱	(22)	电源提供

图 1-3 工业机器人点焊工作站

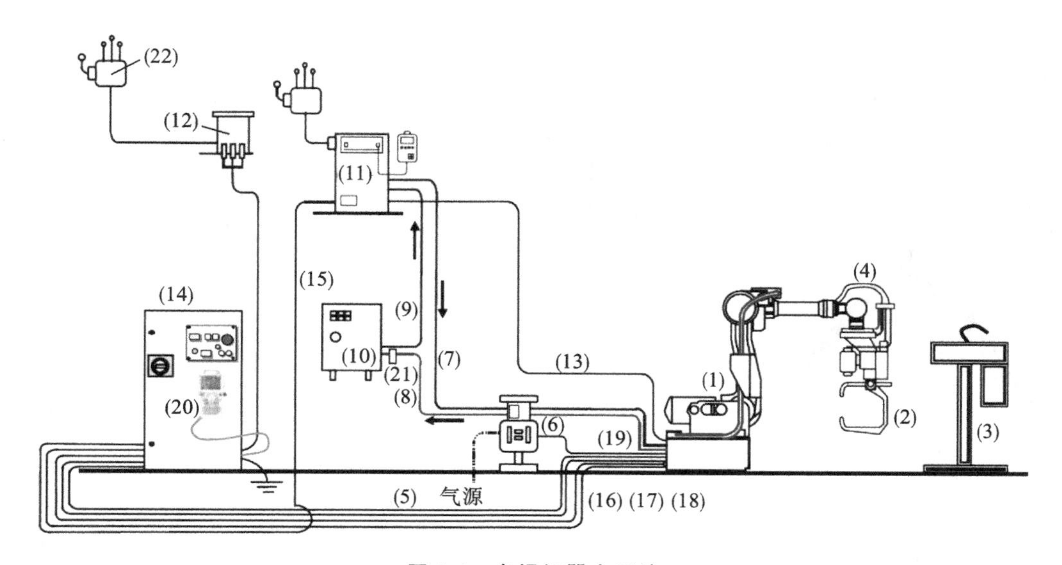

图 1-4 点焊机器人系统

下面以点焊机器人在一块折弯板上加工焊点来说明工业机器人是怎样进行轨迹示教的(见图 1-5)。点焊焊枪前端由固定电极臂和活动电极臂组成,两个电极将焊件夹紧,然后加压、通电、熔合，形成焊点。为了方便调整焊枪的姿态和位置，需要在固定电极臂的电极端定义一个工具坐标系，如图 1-6 所示。点焊机器人焊接过程如图 1-7 所示。

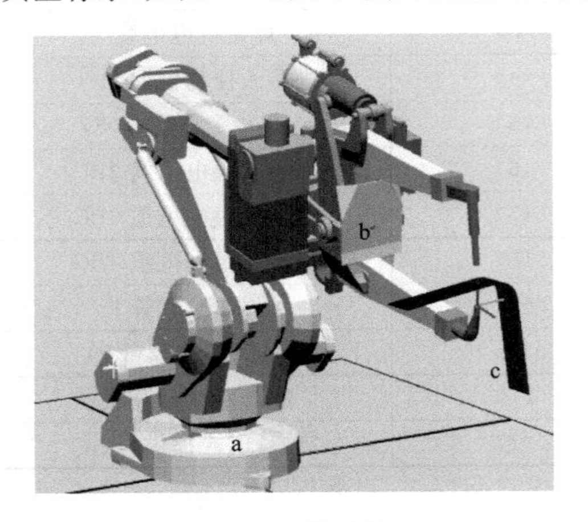

图 1-5　点焊机器人

a—机器人；b—点焊焊枪；c—折弯板

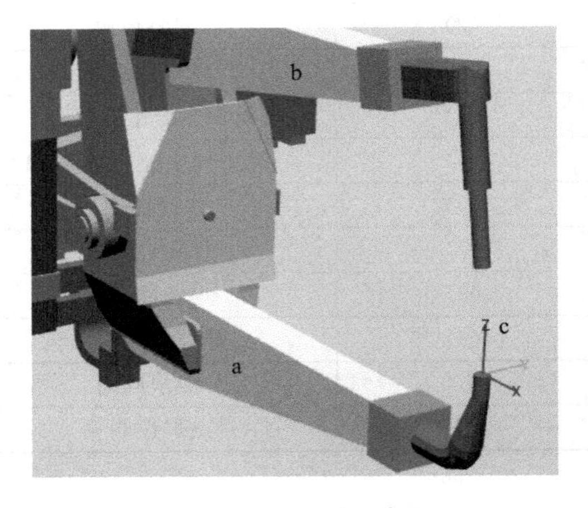

图 1-6　焊枪工具坐标系

a—固定电极臂；b—活动电极臂；c—工具坐标系

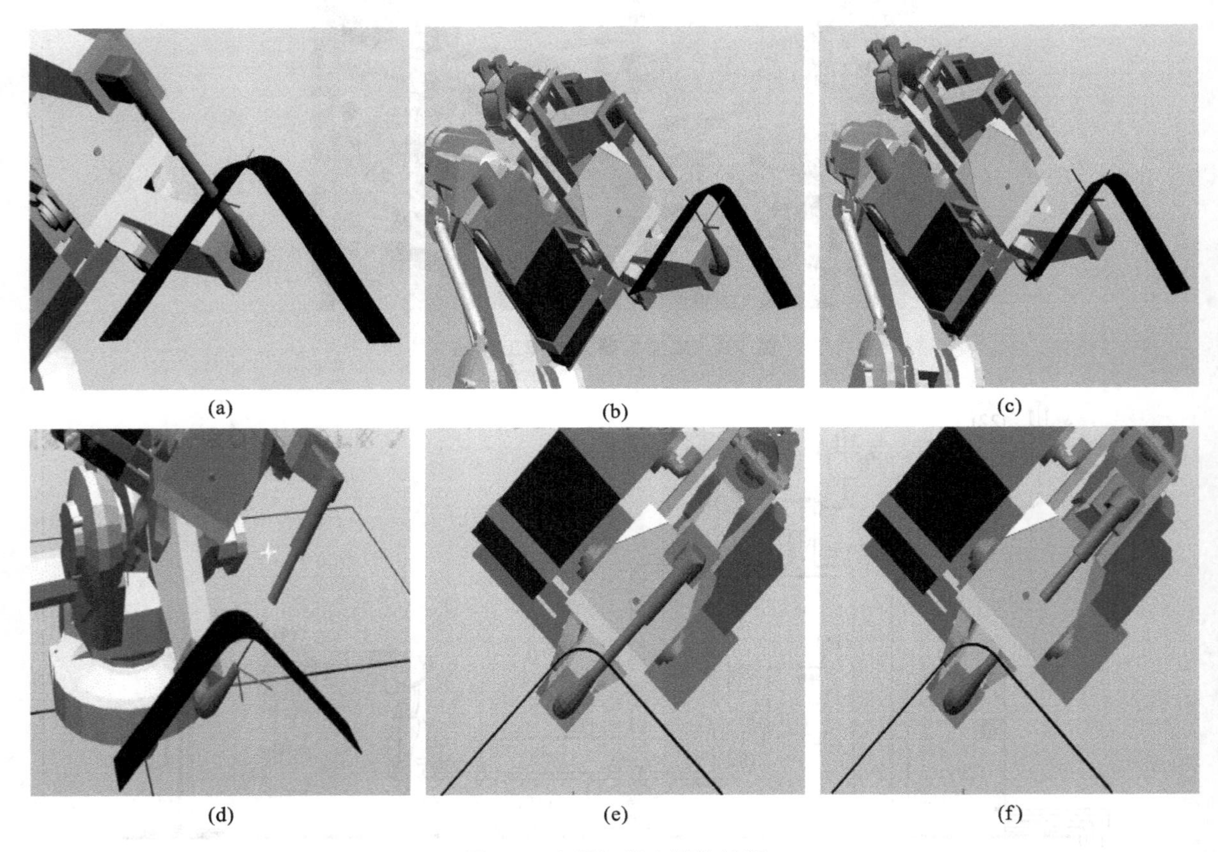

图 1-7　点焊机器人焊接过程

图 1-7(a)在 A 点焊接完毕；图 1-7(b)活动电极臂打开；图 1-7(c)焊枪沿着工具坐标系 Z 轴做负向线性运动，两极之间留出空间以便调整焊枪姿态；图 1-7(d)固定电极臂顶点不动，焊枪绕工具坐标系 X 轴旋转，做重定位运动，使焊枪电极垂直于折弯板；图 1-7(e)焊枪沿工具坐标系 Z 轴线性运动，靠近折弯板焊点；图 1-7(f)活动电极臂闭合，在此处焊接。

1.2 知识储备

1.2.1 工程理论

手动操作工业机器人有三种模式:单轴运动、线性运动和重定位运动 。

1. 单轴运动模式

一般而言,工业机器人本体的每个关节轴处有一个伺服电机,图 1-8 为六轴关节机器人,由六个伺服电机分别驱动机器人的六个关节轴,每次手动操纵一个关节轴运动,就称为单轴运动。当工业机器人处于奇异点位置或需要精准校准机器人、机器人做大幅度动作时,需要采用单轴运动模式。

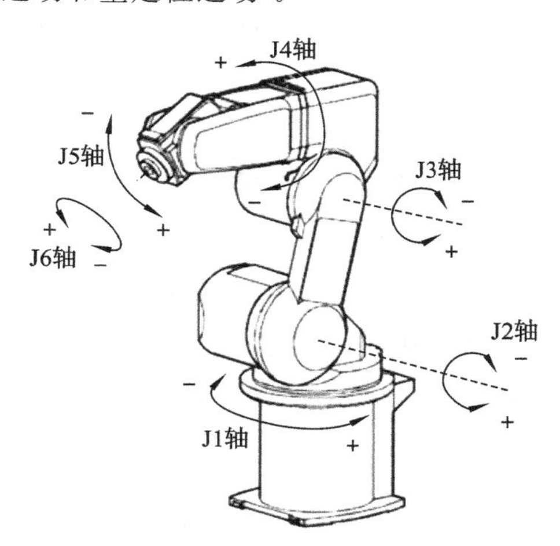

图 1-8 六轴关节机器人

2. 线性运动模式

工业机器人的线性运动是指机器人第六轴法兰盘上的中心点 tool0 或安装在法兰盘上的工具的中心点(即自定义 TCP)在空间中作直线移动,即“从 A 点移动到 B 点”。工具中心点按选定的坐标轴的方向移动。

3. 重定位运动模式

工业机器人的重定位运动是指机器人第六轴法兰盘上的中心点 tool0 或安装在法兰盘上的工具的中心点(即自定义 TCP)不动,工业机器人在空间绕着坐标轴旋转的运动,也可以理解为工业机器人绕着工具的 TCP 点作姿态调整的运动。弧焊、打磨和喷涂时,必须将工具调整到特定的方位以获得最佳工艺效果,钻孔、拧螺母时也需要将工具设置在某一角度,以上都要用到重定位运动来操作工业机器人。

1.2.2 工程技能

1. 选择运动模式

有三种选择运动模式的方式:

(1) 在示教器操作界面,使用 Toggle motion mode(切换动作模式)按钮,如图 1-9 所示。

(2) 使用 ABB 菜单上的 Jogging(手动操作)窗口。

(3) 使用 Quickset(快速设置)菜单下的 Mechanical unit(机械装置)。

2. 在微动控制窗口中选择动作模式

在微动控制窗口中选择动作模式的步骤如表 1-2 所示。

表 1-2 在微动控制窗口中选择动作模式

序号	操 作	信 息
1	在菜单中点击 Jogging(手动操作)	
2	点击 Motion mode(动作模式)	
3	点击所需模式,然后点击确定	做出该选择后,Joystick direction(控制杆方向)将显示控制杆方向的含义

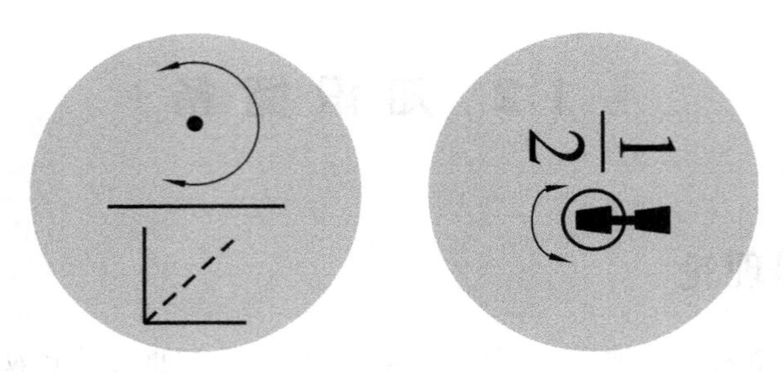

(a) 重定位运动和线性运动的切换　(b) 轴组1～3和4～6的切换

图 1-9　切换动作模式按钮

1.2.3　工程素养

1. 奇异点管理

假设机械手在笛卡尔坐标系运动，当经过奇点时，某些轴的速度会突然变得很快，导致失控，无法求逆运算，使得机械手失去了一些运动自由。当遇到奇点时，可能有无限种方式到达机器人的同一位置。六轴工业机器人存在三种类型的奇点。

(1) 腕关节奇点：它通常发生在机器人的两个腕关节轴（关节轴 4 和关节轴 6）成一条直线时，如图 1-10 所示。这可能会导致这些关节瞬间旋转 180 度。

(2) 肩关节奇点：它发生在机器人中心的腕关节轴和关节轴 1 对齐时，如图 1-11 所示。

(3) 肘关节奇点：它发生在机器人中心的腕关节轴跟关节轴 2 和关节轴 3 处于同一平面时。肘关节奇点看起来就像机器人"伸得太远"，导致肘关节被锁在某个位置，如图 1-12 所示。

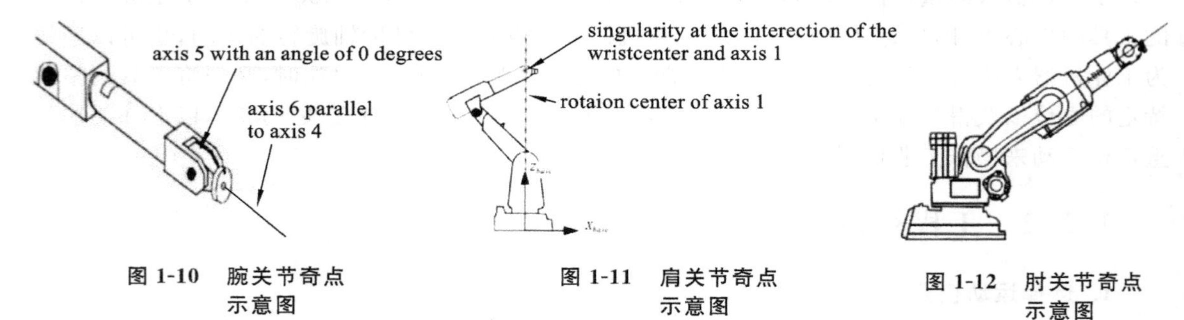

图 1-10　腕关节奇点示意图　　图 1-11　肩关节奇点示意图　　图 1-12　肘关节奇点示意图

2. 如何避开奇点

制造商通常都通过编程避开奇点，以免机器人受损。在过去，如果某个关节被命令以过快的速度运动，机器人将以错误信息的方式完全停止工作。这并不是一个完美的解决方案。这些年来，许多机器人制造商都在改进奇点规避技术，通过编程限制了机器人每个关节的最大运动速度。当腕关节被命令以"无限大"的速度运动时，软件就会降低此速度。当腕关节到达线的中间时，机器人的速度会降下来。一旦腕关节通过奇点，机器人将继续以正确的速度完成剩余的运动。虽然画线的工作仍然会被破坏，但机器人能保持功能正常，不会被卡住。另一种避开奇点的方法是把任务移动到没有奇点的区域。当机器人连接成直线或关节接近 0 度时，通过工具增加一个很小的角度，可以减少机器人进入奇点的机会。腕关节以一个非常小的角度（5～15 度）安装工具，通常可以使机器人避免奇点。

1.3 实践指导 SOP

实践指导 SOP 如图 1-13 所示。

实践作业指导书			文件编号	编制日期	页数	版本
					1/14	A/0
实践任务名称	实践一　工业机器人轨迹示教	实践场地	实训室	标准工时　4日	提交成果	任务书
		实践排号	1	作业类型　上机	人员配置	4～5人

实践步骤	内容	备注
1	开机准备、检测工具安装等工作	
2	确认系统处于手动模式	
3	选择机械单元	
4	选择运动模式	
5	按下三位使用按钮，电机上电	
6	使用示教器的控制杆，微动控制机械手臂沿指定轨迹行进	
7		

或

序号	设备型号	功能	数量
1	IRB1410	实现机器人示教、编程、I/O通信	1
2	轨迹板	配合教学任务轨迹参考,变换角度	1
3	基础模组平台	功能模块安装定位平台,工作启动，状态显示	1
4	末端操作器	含吸取、抓取、TCF标定工具	1

安全注意事项	
人员安全	送电前一定要确保电源线正确，有效接地
	在机器人的工作区域内严禁站立
设备安全	运动速度限制，机器人的工作速度不能大于200m/s
	在设备运动过程中注意与工件或其他物体的干涉

核准		审核		承办单位
				承办人

图 1-13　实践指导 SOP 1

1.4 实践任务

实践设备工具

(1) IRB1410 和末端操作器、气源。

(2) 轨迹示教教具。

(3) 直径约 6 mm,长约 50 mm 的螺钉。

实践目的

(1) 熟练应用工业机器人运动模式调整机器人的位姿。

(2) 熟练操作示教器控制杆控制机器人运动。

实践要求

(1) 合理选择运动模式。

(2) 沿指定轨迹进行示教,操作流利顺畅。

实践过程

(1) 按 SOP 配置实践环境。

(2) 控制机器人完成以下任务:

①控制示教器控制杆,选择合适的运动模式,末端操作器杆身垂直于轨迹板面,使末端操作器的顶点分别沿图 1-14、图 1-15 所示的 A 组和 B 组中的轨迹曲线行进,操作流利顺畅;

②末端操作器夹持直径约 6 mm,长约 50 mm 的螺钉,螺钉插入轨迹示教教具的曲线槽行进(见图 1-16、图 1-17),螺钉不能碰到侧壁。

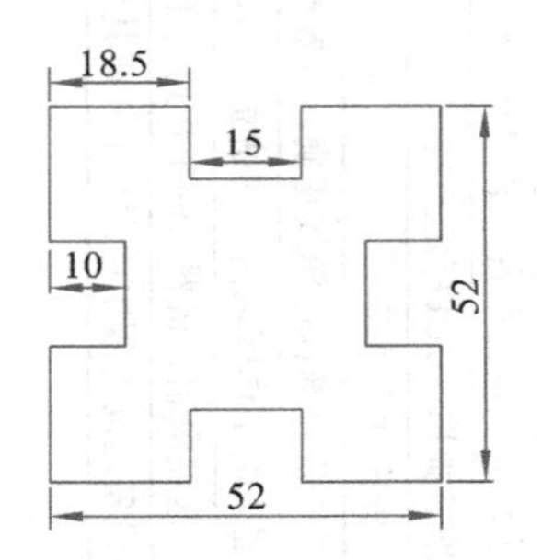

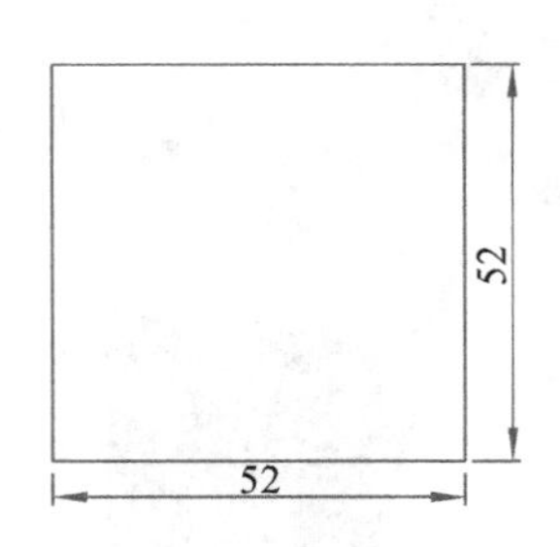

图 1-14 轨迹示教曲线 A 组

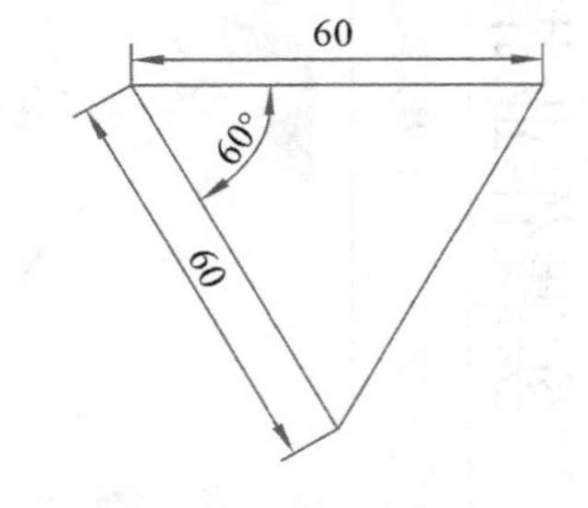

图 1-15 轨迹示教曲线 B 组

实践评价

(1) 简述手动操作机器人的运动模式,以及各自的特点(20 分)。

(2) 提交操作时的视频,报告附视频的截图(至少四张),视频录制时,操作员本人可见(60 分,具体内容见实践过程)。

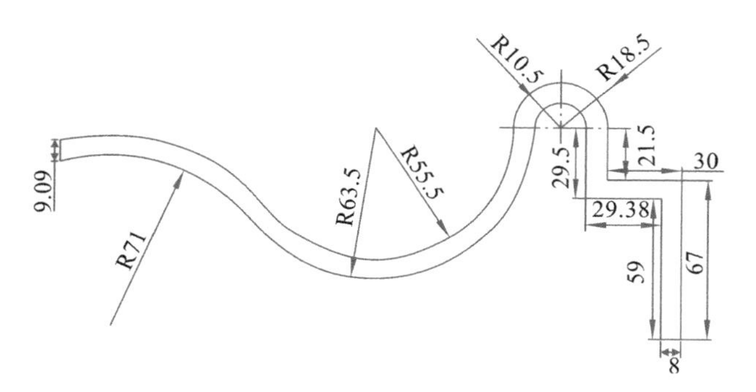

图 1-16 曲线槽

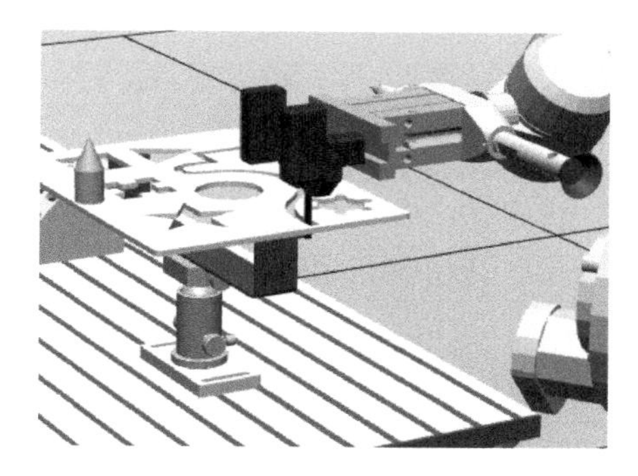

图 1-17 障碍示教

（3）实践总结和心得(20 分)。

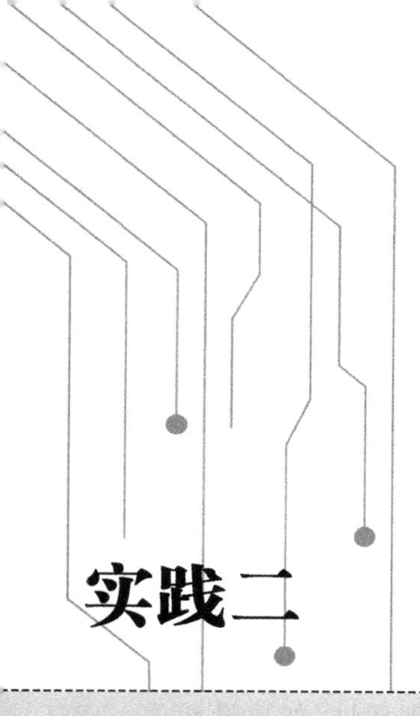

实践二

工业机器人运动环境配置

在对工业机器人进行正式编程之前，需要构建必要的编程环境，其中有三个必需的程序数据（工具数据 tooldata、工作坐标 wobjdata、负荷数据 loaddata）需要在编程之前进行定义。

2.1 工程现场

2.1.1 工程应用

一般不同的工业机器人应配置不同的工具，比如弧焊机器人就使用弧焊枪作为工具，而板材搬运机器人会使用吸盘式夹具作为工具。在工业机器人的后台程序里，可以用工具数据来标定各部件与工具的相对位置。机器人的工具中心点（TCP）位置和物理属性（如重量和重心）都包含在工具数据里。

焊枪在焊丝尖端点创建工具坐标来设定焊枪的目标位置，如图 2-1 所示，以工具坐标为参照调整焊枪的姿态，调整焊枪的空间位置（x/y/z）以及所需要的焊接角度（α/β/γ），示教轨迹非常清晰，如图 2-2 所示。

作为工业机器人的工作对象，用工件坐标定义工件在工作站的位置。图 2-3 中，A 是工业机器人的大地坐标，为了方便编程，给第一个工件建立一个工件坐标 B，并在这个工件坐标 B 中进行轨迹编程。

如果工作台上还有一个工件需要走一样的轨迹，那只需再建立一个工件坐标 C，将工件坐标 B 中的轨迹复制一份，然后将工件坐标从 B 更新为 C，就完成了此工件的轨迹编程，无须对一样的轨迹重复编程。

图 2-1　焊枪 TCP 创建点

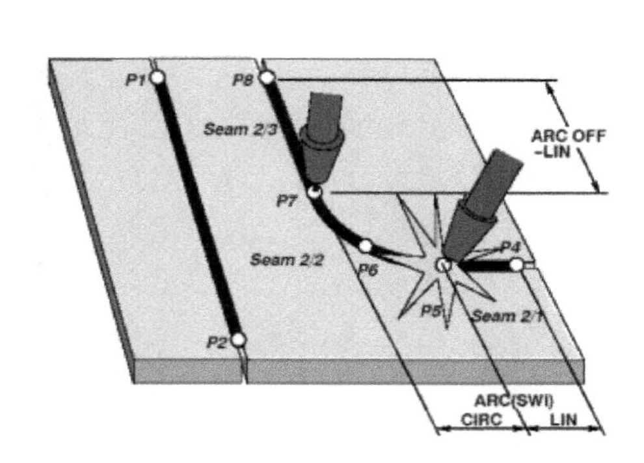

图 2-2　工具坐标的应用

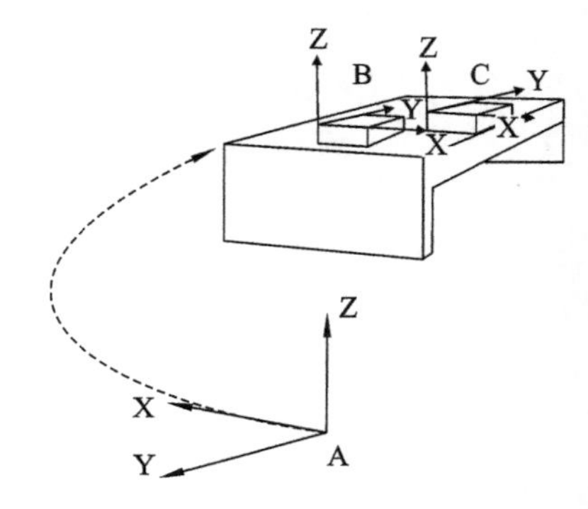

图 2-3　工件坐标的应用

2.1.2 工程案例

1. 工件规格参数

汽车墙板的外形尺寸（最大）：1800 mm（长）×1800 mm（宽）×40 mm（高），净重（最重）：40 kg，如图 2-4 所示。

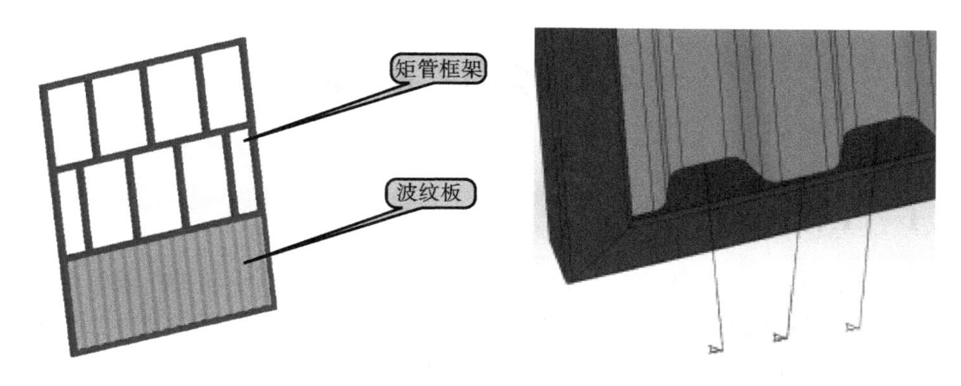

图 2-4 汽车墙板

2. 焊接位置

矩管与矩管之间的焊缝，波纹板与矩管之间的焊缝，仅水平焊缝，单面焊接。

3. 工艺说明

①采用工装组对；②组对完成后，启动机器人自动焊接；③机器人焊接时，工人在另一工位进行工件上下料及组对工作；④焊接速度为 500～550 mm/min，焊缝间空行程时间约 2～3 秒；⑤一般工件的总焊接长度约 6.5 米，约 160 段焊缝；⑥人工下料时间 3 分钟，人工组对时间约 3 分钟；⑦工作站的节拍约 20 分钟一件，定员一人。

为了提高效率，采用双工位，两工位的工装夹具相同。编程时，在工位 1 和工位 2 的顶点位置分别创建工件坐标 A 和工件坐标 B，然后在工位 1 的工件坐标系 A 内，对每一条焊缝进行轨迹编程，并保存。对于工位 2 的轨迹程序，只要将工位 1 的程序复制过来，并将程序命令中的工件坐标改为 B 即可。焊接工作站布局如图 2-5 所示。

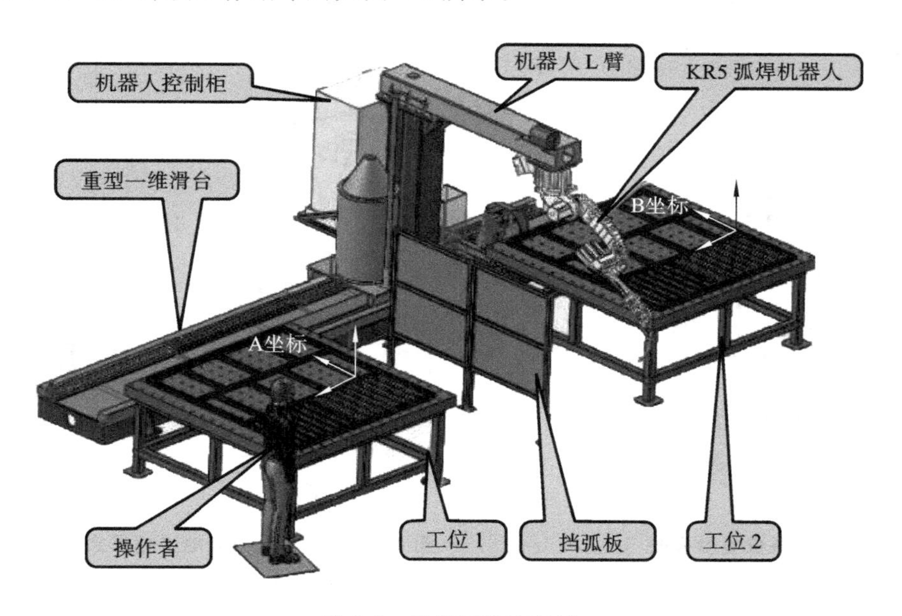

图 2-5 焊接工作站布局

2.2 知识储备

2.2.1 工程理论

工业机器人使用若干坐标系，每一坐标系都适用于特定类型的手动操作或编程。

基坐标系位于工业机器人基座，是最便于工业机器人从一个位置移动到另一个位置的坐标系。工件坐标系与工件相关，通常是最适合对工业机器人进行编程的坐标系。工具坐标系定义工业机器人到达预设目标时所使用工具的位置。大地坐标系可定义工业机器人单元，所有其他的坐标系均与大地坐标系直接或间接相关，它适用于微动控制、一般移动以及处理具有若干工业机器人或外轴移动工业机器人的工作站和工作单元。用户坐标系在表示持有其他坐标系的设备（如工件）时非常有用。

1. 基坐标系

基坐标系在工业机器人基座中有相应的零点，这使固定安装的机器人的移动具有可预测性。因此它对于将工业机器人从一个位置移动到另一个位置很有帮助。

在正常配置的工业机器人系统中，当使用者站在机器人的前方并在基坐标系中微动控制，将控制杆拉向自己一方时，机器人将沿 X 轴移动；向两侧移动控制杆时，机器人将沿 Y 轴移动；扭动控制杆，机器人将沿 Z 轴移动，如图 2-6 所示。

2. 大地坐标系

大地坐标系在工作单元或工作站中的固定位置有其相应的零点，这有助于处理若干个工业机器人或由外轴移动的工业机器人。

在默认情况下，大地坐标系与基坐标系是一致的，基坐标系与大地坐标系之间的关系如图 2-7 所示。

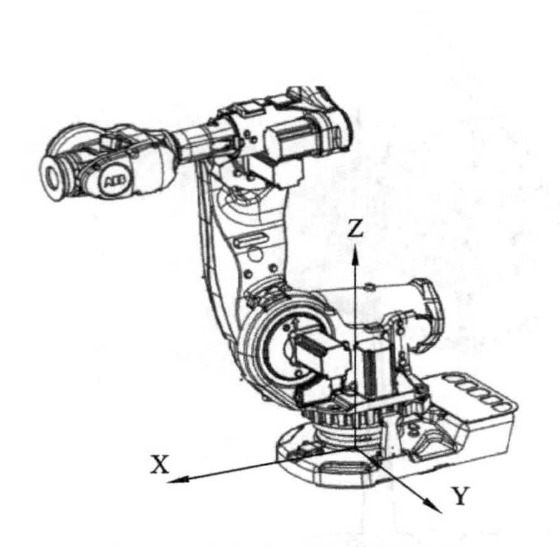

图 2-6 基坐标系位置示意图

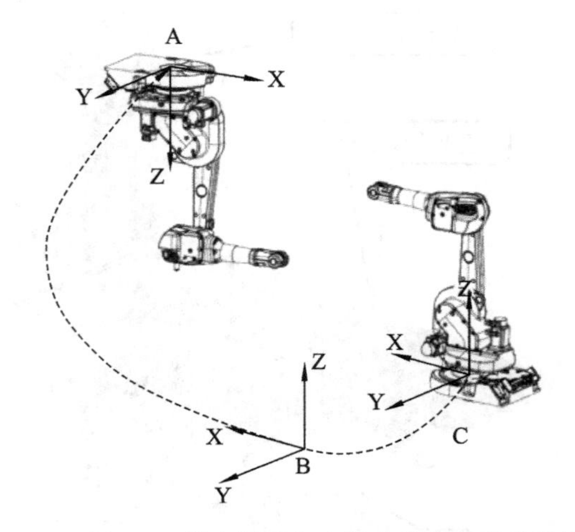

图 2-7 基坐标系与大地坐标系之间的关系

A—机器人 1 的基坐标系；B—大地坐标系；C—机器人 2 的基坐标系

3. 工件坐标系

工件坐标系对应工件，它定义工件相对于大地坐标系（或其他坐标系）的位置。工件坐标系必须定义两个框架：用户框架（与大地基座相关）和工件框架（与用户框架相关）。

工业机器人可以拥有若干工件坐标系，以表示不同工件，或者表示同一工件在不同位置的若干副本。大地坐标系与工件坐标系之间的关系如图 2-8 所示。对工业机器人进行编程时需要在工件坐标系中创建目标和路径，这带来很多便利：

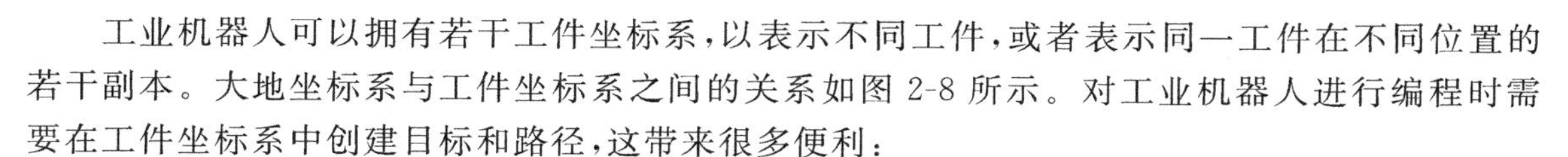

（1）重新定位工作站中的工件时，只需更改工件坐标系的位置，所有路径将随之更新；

（2）允许操作以外轴或传送导轨移动的工件，因为整个工件可连同其路径一起移动。

4. 工具坐标系

工具坐标系将工具中心点设为零位，它会由此定义工具的位置和方向（见图 2-9）。工具坐标系的缩写为 TCPF（tool center point frame），工具中心点的缩写为 TCP（tool center point）。执行程序时，工业机器人将 TCP 移至编程位置，这意味着，如果要更改工具以及工具坐标系，机器人的移动将随之更改，以便新的 TCP 到达目标。所有工业机器人在手腕处都有一个预定义的工具坐标系，该坐标系被称为 tool0，这样就能将一个或多个新工具坐标系定义为 tool0 的偏移值。微动控制工业机器人时，如果不想在移动时改变工具方向（例如移动锯条时不使其弯曲），工具坐标系就显得非常有用。

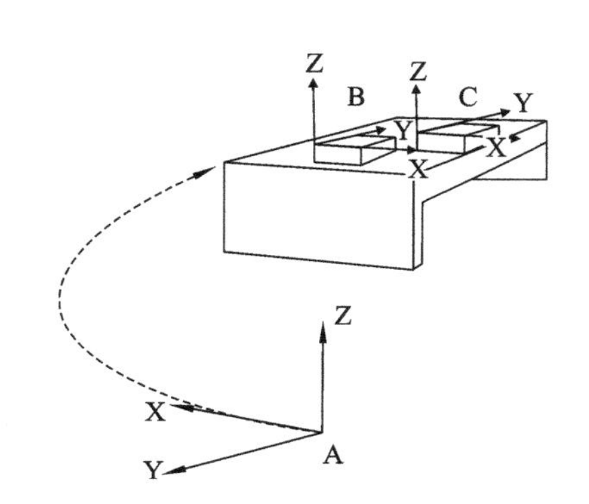

图 2-8 大地坐标系与工件坐标系之间的关系

A—大地坐标系；B—工件坐标系 1；C—工件坐标系 2

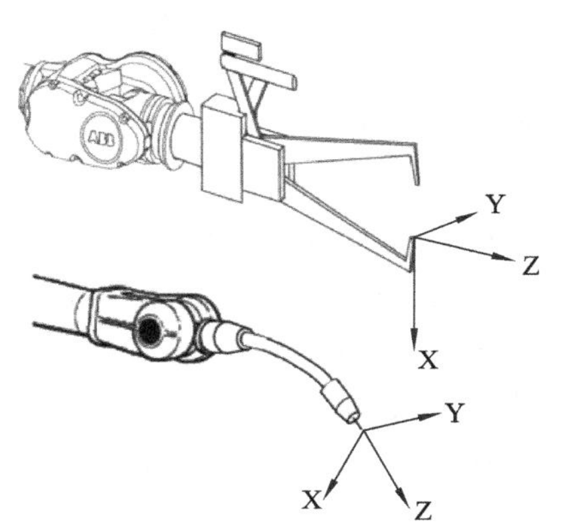

图 2-9 工具坐标系位置示意图

5. 用户坐标系

用户坐标系可用于表示固定装置、工作台等设备。这就在相关坐标系链中提供了一个额外级别，有助于处理持有工件或其他坐标系的处理设备。用户坐标系与工件坐标系之间的关系如图 2-10 所示。

每种坐标系在系统中对应一种数据类型，比如 tooldata 包含了工具坐标系的信息，wobjdata 包含了工件坐标系的信息。

1）tooldata——工具数据

工具数据用于描述工具（如焊枪和夹具）的特征。此数据包括工具中心点（TCP）的位置和方位以及工具负载的物理特征。

工具中心点（TCP）指的是一个按照指定路径和速度运动的点，编程位置指的就是 TCP 的当前位置及其相对于工具坐标系的方位。

数据结构：

tooldata toolName:=[robhold,[tframe[x、y、z],[q1、q2、q3、q4]],[tload[mass],[x、y、z],[q1、q2、q3、q4],ix,iy,iz]];

数据说明：

[robhold]:robot hold。

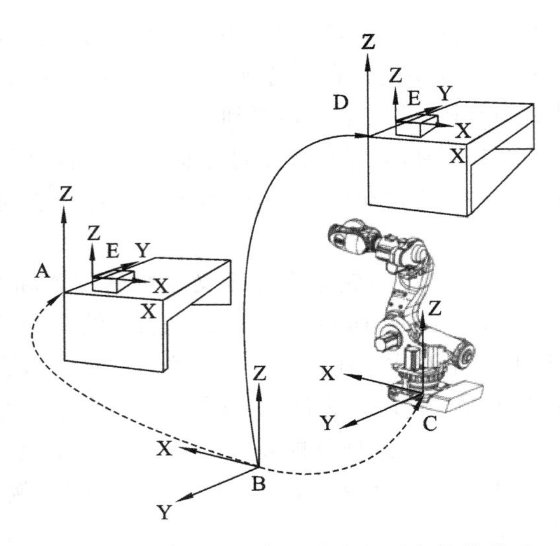

图 2-10　用户坐标系与工件坐标系之间的关系

A—用户坐标系；B—大地坐标系；C—工件坐标系；D—移动用户坐标系；E—工件坐标系，与用户坐标系一同移动

数据类型：bool。

定义机械臂是否夹持工具：

TRUE：机械臂正夹持着工具。

FALSE：机械臂未夹持工具，即为固定工具。

[tframe]：tool frame。

数据类型：pose。

工具坐标系：TCP 的位置（x、y 和 z）和工具坐标系的方位（q1、q2、q3 和 q4）用腕坐标系（tool0）来表示（参见图 2-11）。

[tload]：tool load。

数据类型：loaddata。

工具的负载：

工具的质量（重量），以 kg 计；

工具负载的重心（x、y 和 z），以 mm 计，用腕坐标系（tool0）表示；

工具力矩主惯性轴的方位，用腕坐标系表示（见图 2-12）；

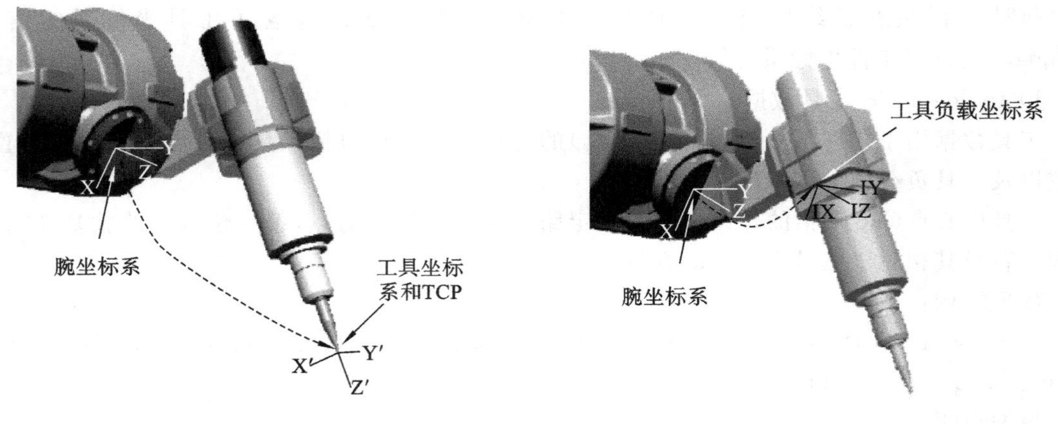

图 2-11　工具坐标系和 TCP　　**图 2-12　工具负载坐标系**

围绕力矩惯性轴的惯性矩，以 kg·m² 计。如果将所有惯性部件定义为 0 kg·m²，则将工具作为一个点质量来处理。

示例：

```
PERS tooldata gripper:= [ TRUE,[[97.4,0,223.1],[0.924,0,0.383,0]],[5,[23,0,75],[1,0,0,0],0,0,0]];
```

工具数据定义内容如下：

机械臂正夹持着工具；

TCP 所在点与安装法兰的距离为 223.1 mm，且沿腕坐标系(tool0)X 轴偏移 97.4 mm；

工具的 X 方向和 Z 方向相对于腕坐标系 Y 方向旋转 45°；

工具质量为 5 kg；

重心所在点与安装法兰的直线距离为 75 mm，且沿腕坐标系 X 轴偏移 23 mm；

可将负载视为一个点质量，即不带任何惯性矩。

2）wobjdata——工件数据

工件数据用来描述工件位置，对应工件坐标系在系统的存储数据(见图 2-13)。建立工件坐标系除了具有前面提到的优势外，还可以在离线编程时直接从图纸获取工件数据，手动定义工件坐标系。

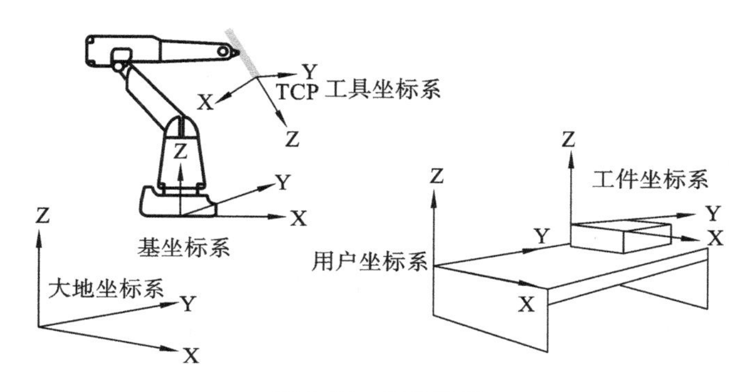

图 2-13 工件数据

数据结构：

```
wobjdata wobjName:= [ robhold, ufprog, ufmec,[ uframe[x、y、z],[q1、q2、q3、q4] ],[oframe [x、y、z],[q1、q2、q3、q4]]];
```

数据说明：

[robhold]：robot hold。

数据类型：bool。

定义实际程序任务中的机械臂是否正夹持着工件：

TRUE：机械臂正夹持着工件，即使用一个固定工具。

FALSE：机械臂未夹持着工件，即机械臂正夹持着工具。

[ufprog]：user frame programmed。

数据类型：bool。

定义是否使用固定的用户坐标系：

TRUE：固定的用户坐标系。

FALSE：可移动的用户坐标系，即使用协调外轴，同时以半协调或同步协调模式用于 MultiMove 系统。

[ufmec]:user frame mechanical unit。

数据类型:string。

定义系统参数中的机械单元名称,例如 orbit_a。(ufprog 为 FALSE)

[uframe]:user frame。

数据类型:pose。

用户坐标系,即当前工作面或固定装置的位置(参见图 2-13):

坐标系原点的位置(x、y 和 z),以 mm 计;

坐标系的旋转表示为一个四元数(q1、q2、q3 和 q4);

如果机械臂正夹持着工具,则在世界坐标系中定义用户坐标系,如果使用固定工具,则在腕坐标系中定义。

[oframe]:object frame。

数据类型:pose。

目标坐标系,即当前工件的位置(参见图 2-13):

坐标系原点的位置(x、y 和 z),以 mm 计;

坐标系的旋转表示为一个四元数(q1、q2、q3 和 q4);

在用户坐标系中定义目标坐标系。

示例:

```
PERS wobjdata wobj2:= [ FALSE,TRUE,"",[ [300,600,200],[1,0,0,0] ],[ [0,200,
30],[1,0,0,0] ] ];
```

工件数据定义内容如下:

机械臂未夹持着工件;

使用固定的用户坐标系;

用户坐标系不旋转,在世界坐标系中的原点坐标为 x=300、y=600 和 z=200;

工件坐标系不旋转,在用户坐标系中的原点坐标为 x=0、y=200 和 z=30。

3) loaddata——载荷数据

载荷数据用于描述安装机械臂法兰面的负载。载荷数据用于定义机械臂的有效负载或抓取负载(通过指令 GripLoad 或 MechUnitLoad 来设置),同时将 loaddata 作为 tooldata 的组成部分,以描述工具负载。

定义的负载用于设置机械臂的动态模型,以便以最佳的方式来控制机械臂运动。载荷数据定义不正确可能会导致机械臂机械结构过载。因此,在机器人工作时,应始终定义实际工具负载。

数据结构:

```
loaddata loadName:= [ mass,cog of [x,y,z],aom of [q1、q2、q3、q4],ix,iy,iz];
```

数据说明:

[mass]

数据类型:num。

负载的质量,以 kg 计。

[cog]:center of gravity。

数据类型:pos。

如果机械臂正夹持着工具,则用工具坐标系表示有效负载的重心,以 mm 计。如果使用固定工具,则用机械臂所移动工件的坐标系来表示有效负载的重心。

[aom]:axes of moment。

数据类型:orient。

惯性轴的姿态以四元数表示(q1、q2、q3 和 q4)。

ix,iy,iz:*inertia x*,*y*,*z*。

数据类型:num。

惯性矩,只有当载荷尺寸比较大时才加以定义。

例 1 `PERS loaddata piece1:= [ 5,[50,0,50],[1,0,0,0],0,0,0];`

如图 2-14 所示,通过机械臂所夹持的工具来移动有效负载。载荷数据定义内容如下:

重量 5 kg;

重心为工具坐标系中的 x=50、y=0 和 z=50;

有效负载为一个点质量。

下面的例子展示了在程序中怎样设定工具的实时负载。

例 2

```
Set gripper;
WaitTime 0.3;
GripLoad piece1;
```

在机械臂抓握负载的同时,指定有效负载的连接 piece1。

例 3

```
Reset gripper;
WaitTime 0.3;
GripLoad load0;
```

在机械臂释放有效负载的同时,断开有效负载。

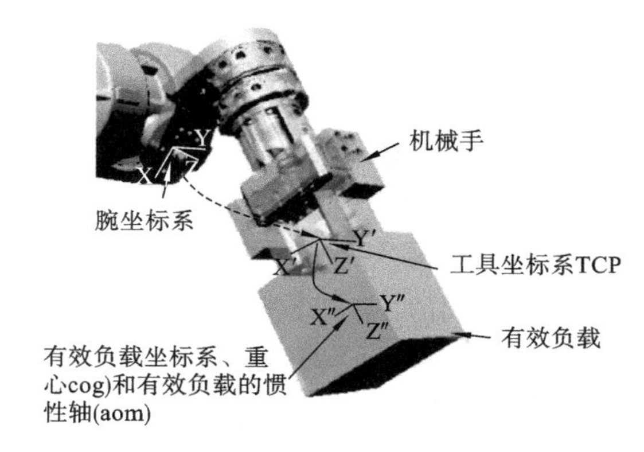

图 2-14 有效负载坐标

2.2.2 工程技能

1. 工具坐标系的创建

弧焊枪、搬运板材的吸盘式夹具的工具坐标如图 2-15、图 2-16 所示。

TCP 的设定原理如下:

(1) 在工业机器人工作范围内找一个非常精确的固定点作为参考点。

(2) 在工具上确定一个参考点(最好是工具的中心点)。

(3) 用之前介绍的手动操纵工业机器人的方法,移动工具上的参考点,采用四种不同的机器人姿态,尽可能与固定点刚好碰上。为了获得更准确的 TCP,还可以采用四种以上的位姿来定义 TCP。

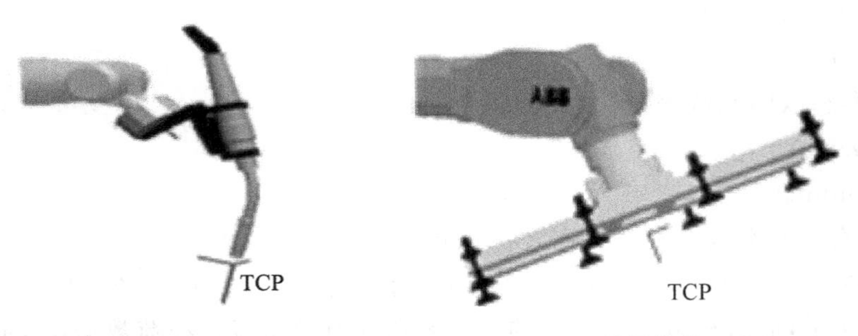

图 2-15 吸盘式夹具的 TCP　　　　图 2-16 弧焊枪的 TCP

(4) 工业机器人通过这四个位置点的位置数据计算求得 TCP 的数据，然后 TCP 的数据就保存在 tooldata 程序数据中，被程序进行调用，如图 2-17 所示。

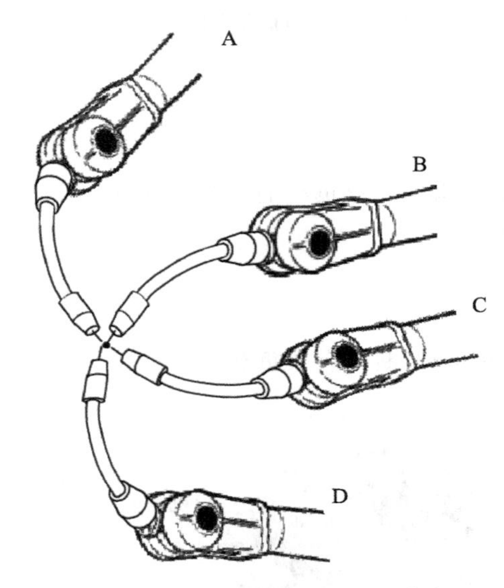

图 2-17 定义工具坐标系的 4 个点

定义工具坐标系时可使用三种不同的方法（见表 2-1），这三种方法都需要定义工具中心点的笛卡尔坐标，不同的方法对应不同的方向定义方式。

表 2-1 定义工具坐标系的三种方法

方　法	定义方向
TCP（默认方向）	将方向设置为与工业机器人安装平台相同的方向
TCP&Z	设立 Z 轴方向
TCP&Z,X	设立 X 轴和 Z 轴方向

1) 创建工具坐标系

当创建新工具坐标时，将生成 tooldata 数据类型的变量。该变量的名称将是该工具坐标的名称。创建工具坐标系的步骤如下：

Step1：在 ABB 菜单中，点击"Jogging（手动操作）"。

Step2：点击"Tool（工具）"，显示可用工具列表。

Step3：点击"New（新建）"，创建新工具，在弹出的对话框输入参数变量。

Step4：单击"OK（确定）"。

2)定义工具框

Step1:在 ABB 菜单中,点击“Jogging(手动控制)”。

Step2:点击“Tool(工具)”,显示可用工具列表。

Step3:选择想要定义的工具。

Step4:在 Edit(编辑)菜单中,点击“Define(定义)”。

Step5:在出现的对话框中,选择要使用的定义方法。

Step6:选择要使用的接近点的点数,通常四个点就足够了。将机器手臂移至合适位置,并点击“Modify Position(修改位置)”,分别定义位姿不同的四个点,如图 2-17 所示。

Step7:如果使用的定义方法是 TCP & Z 或 TCP & Z,X,则必须对方向进行定义。

Step8:将所有点都定义好后,可将它们保存到文件,以便以后重新使用。在 Positions(位置)菜单中,点击“Save(保存)”。

Step9:点击“OK(确定)”。系统将立即显示 Calculation Result(计算结果)对话框,要求将结果写入控制器之前对结果进行取消或确定。

Step10:在 Edit(编辑)菜单中,点击更改值,下拉菜单,找到工具质量 mass 和工具重心数据,根据实际情况进行填写(mass 一定不能为 0,重心数据是相对 tool0 的偏移值),然后点击“确定”。

2. 工件坐标系的创建

工件坐标系定义方法如下:

在对象的平面上,只需要定义三个点,就可以建立一个工件坐标系。X 轴将通过 X1、X2,Y 轴通过 Y1,如图 2-18 所示。工件坐标系符合右手定则,如图 2-19 所示。

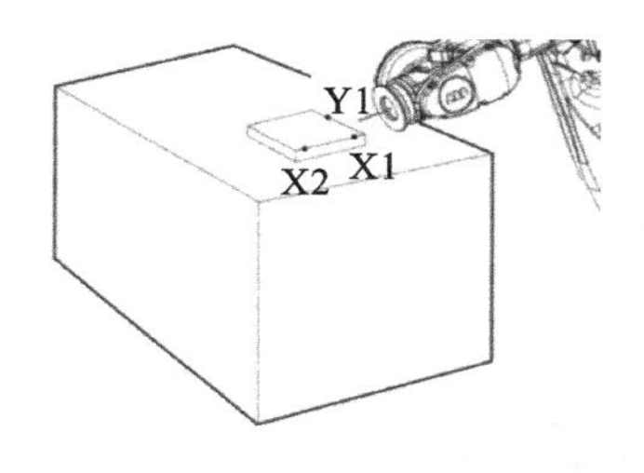

图 2-18 定义工件坐标系

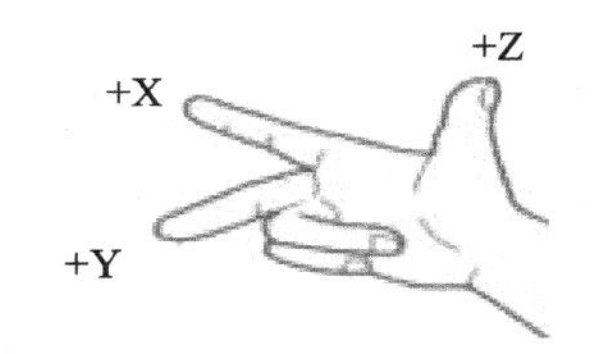

图 2-19 右手定则

创建工件坐标系可用于简化对工件表面的手动操作。

1) 创建工件坐标系

Step1:在 ABB 菜单中,点击“Jogging(手动操作)”。

Step2:点击“Work Object(工件)”,显示可用工件列表。

Step3:点击“New(新建)”,创建新工件,设置工件坐标声明。

Step4:单击“OK(确定)”。

2)定义工件坐标系

Step1:在 ABB 菜单中,点击“Jogging(手动操作)”。

Step2:点击“Work object(工件)”,显示可用工件列表。

Step3:选择想要定义的工件,然后点击“Edit(编辑)”。

Step4:在菜单中,点击“Define(定义)”。

Step5:从 User method(用户方法)和/或 Object method(工件方法)菜单中选择方法。

Step6:按下示教器三位使能按钮,将机器人移至要定义的点 X1、X2 或 Y1,每定义一个点,点击 Modify Position(修改位置),完成点的定义。

Step7:点击确定,完成工件坐标系的定义。

2.2.3 工程素养

要确定一个刚体在空间的位姿,就要在物体上固连一个坐标系,然后描述该坐标系的原点位置和它三个轴的姿态,总共需要六个自由度或六条信息来完整地定义该物体的位姿。工业机器人使用的途径就是装上工具(tool)来操作对象,那么如何描述工具在空间的位姿呢,显然,方法就是在工具上绑定(定义)一个坐标系即工具坐标系 TCS(tool coordinate system),那么这个坐标系的原点就是所谓的 TCP(tool center point,工具中心点)。机器人轨迹编程,就是将工具在另外定义的工作坐标系中的若干位置 X、Y、Z 和姿态 Rx、Ry、Rz 记录在程序中。当程序执行时,机器人就会把 TCP 移至编程位置。TCP 的类型有:常规 TCP、固定 TCP、动态 TCP。

1. 常规 TCP

TCP 跟随工业机器人本体一起运动。工业机器人一般都事先定义了一个 TCS,TCS 的 XY 平面绑定在机器人第六轴的法兰盘平面上,TCS 的原点与法兰盘中心重合。显然 TCP 在法兰盘中心。ABB 工业机器人把 TCP 称为 tool0,REIS 机器人称之为 _tnull。虽然可以直接使用默认的 TCP,但是在实际使用时,比如焊接时,用户通常把 TCP 定义到焊丝的尖端(实际上是焊枪 tool 的坐标系在 tool0 坐标系中的位置),那么程序里记录的位置便是焊丝尖端的位置,记录的姿态便是焊枪围绕焊丝尖端转动的姿态。

2. 固定 TCP

固定 TCP 将 TCP 定义为工业机器人本体以外静止的某个位置,常应用在涂胶上,胶罐喷嘴静止不动,机器人抓取工件移动,其本质是一个工件坐标。

3. 动态 TCP

随着应用的复杂化,TCP 可以延伸到工业机器人本体轴外部(外部轴),动态 TCP 应用在 TCP 需要相对于法兰盘做动态变化的场合。

2.3 实践指导 SOP

实践指导 SOP 如图 2-20、图 2-21 所示。

2.4 实践任务

设备介绍

IRB1410、末端操作器、二维/三维轨迹示教教具或者障碍示教教具、模组平台。

实践目的

(1) 掌握工具坐标系和工件坐标系的概念,认识工具坐标系和工件坐标系的作用和意义。

(2) 掌握工具坐标系和工件坐标系的定义方法。

实践作业指导书

文件编号	编制日期	页数	版本
		2/14	A/0

实践任务名称	实践二 工业机器人运动环境配置（工具坐标系）	实践场地	实训室	标准工时 4日	提交成果	任务书
		实践排号	1	作业类型 上机	人员配置	4～5人

实践步骤	内容	备注
1	配置实践环境	
2	创建工具坐标系	
3	定义工具框，选择定义方法	
4	操作机器人，变换姿态（至少四种），每种姿态完成后点击修改位置，将位置保存下来	姿态4垂直靠上固定点
5	从固定点移动到工具TCP的+X方向，并保存	
6	从固定点移动到工具TCP的+Z方向，并保存	
7	点击“确定”，查看误差	

1 2 3 4

序号	设备型号	功能	数量
1	IRB1410	实现机器人示教、编程、I/O通信	1
2	轨迹板	配合教学任务轨迹参考,变化角度	1
3	障碍示教教具	TCF标定，工具坐标、工件坐标示教学教具	1
4	末端操作器	含吸取、抓取、TCF标定工具	1

安全注意事项	
人员安全	送电前一定要确保电源线正确，有效接地
	在机器人的工作区域内严禁站立
设备安全	机器人工作速度不能大于200m/s
	在设备运动过程中注意与工件或其他物体的干涉

核准		审核		承办单位
				承办人

图 2-20 实践指导 SOP 2

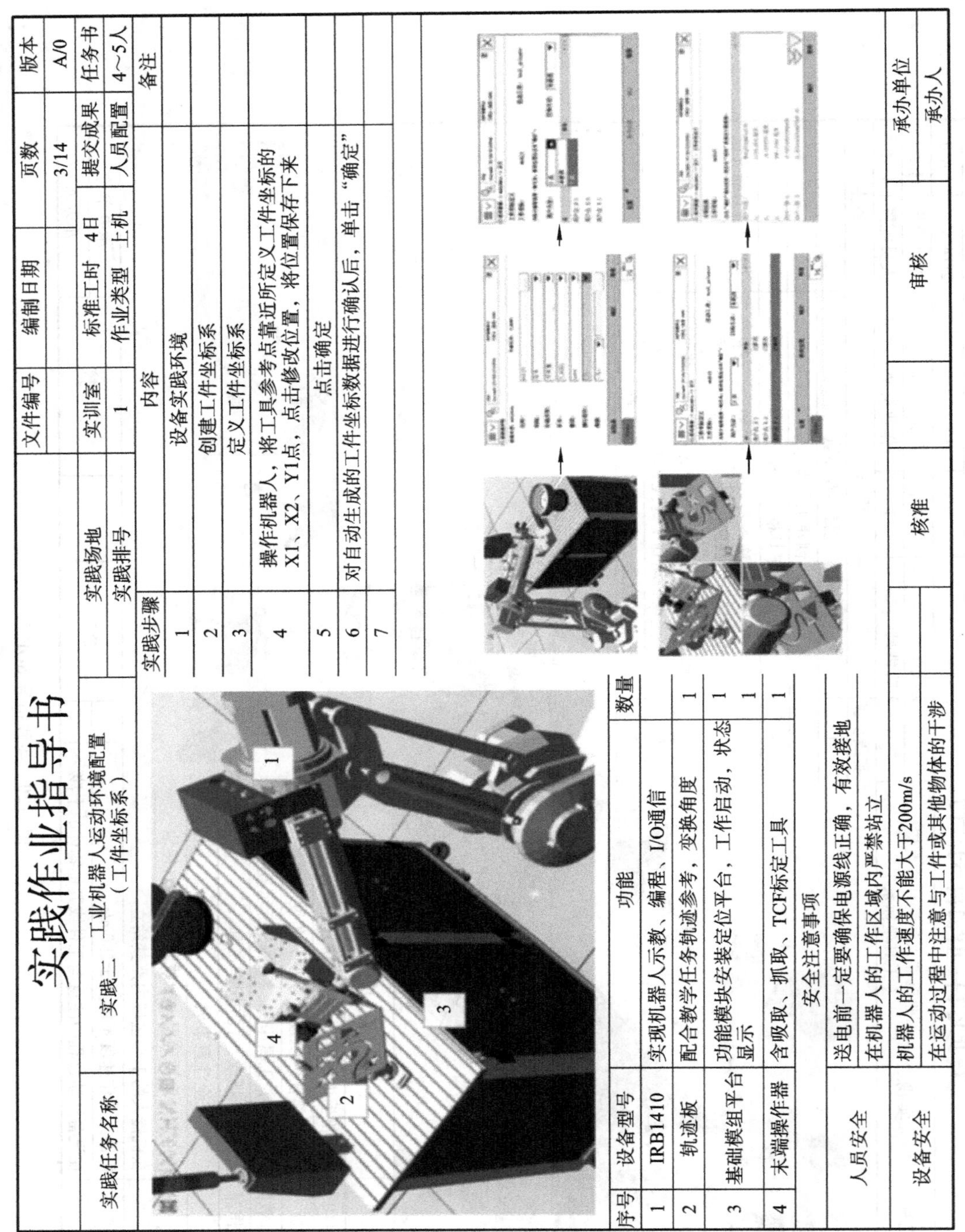

实践作业指导书

文件编号		编制日期		页数	版本
实践任务名称	实践二　工业机器人运动环境配置（工件坐标系）	实践场地	实训室	标准工时	4日
		实践排号	1	作业类型	上机
				页数 3/14；提交成果 任务书；人员配置 4~5人	版本 A/0

实践步骤	内容	备注
1	设备实践环境	
2	创建工件坐标系	
3	定义工件坐标系	
4	操作机器人，将工具参考点靠近所定义工件坐标系的X1、X2、Y1点，点击修改位置，将位置保存下来	
5	点击确定	
6	对自动生成的工件坐标数据进行确认后，单击“确定”	
7		

序号	设备型号	功能	数量
1	IRB1410	实现机器人示教、编程、I/O通信	
2	轨迹板	配合教学任务轨迹参考，变换角度	1
3	基础模组平台	功能模块安装定位平台，工作启动，状态显示	1 1
4	末端操作器	含吸取、抓取、TCP标定工具	1

安全注意事项	
人员安全	送电前一定要确保电源线正确，有效接地
	在机器人的工作区域内严禁站立
设备安全	机器人的工作速度不能大于200m/s
	在运动过程中注意与工件或其他物体的干涉

核准	审核	承办单位
		承办人

图 2-21　实践指导 SOP 3

（3）熟练用示教器操作工业机器人，完成工具坐标系和工件坐标系的定义。

实践要求

（1）能熟练运用单轴运动、线性运动和重定位运动操作工业机器人移动到指定点和调整工业机器人姿态。

（2）设定的 TCP 平均误差少于 0.5 mm。

(3) 工件坐标系定义完成后，在工件坐标下，工业机器人做线性运动，TCP 沿设定方向移动。

实践过程

(1) 按 SOP 配置实践环境。

(2) 应用 TCP&Z,X 法，定义末端操作器顶点的 TCP，创建的工具坐标方向如图 2-22 所示，平均误差少于 0.5 mm。

(3) 调整万向节，倾斜放置轨迹板，并拧紧下方螺钉，固定轨迹板，在轨迹示教教具上定义轨迹板的工件坐标，坐标方向如图 2-23 所示，并检验工件坐标建立的方向正确性。

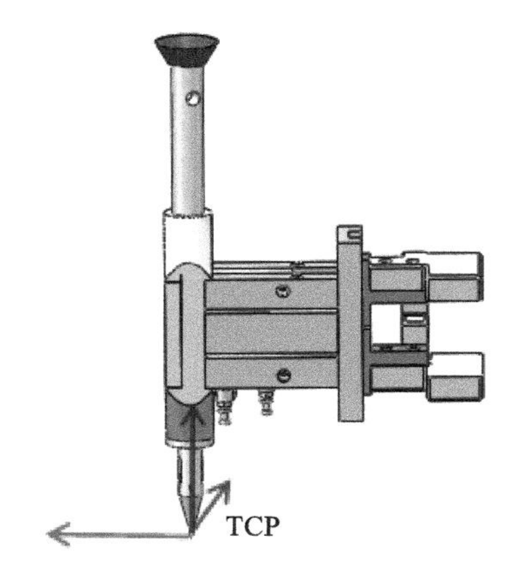

图 2-22 末端操作器顶点 TCP

图 2-23 定义轨迹板的工件坐标

实践评价

(1) 操作规范，过程正确(30 分)。

(2) 报告中附工具坐标、工件坐标定义完成后的计算结果，如图 2-24、图 2-25 所示(50 分)。

(3) 实践总结和心得(20 分)。

图 2-24 工具坐标计算结果

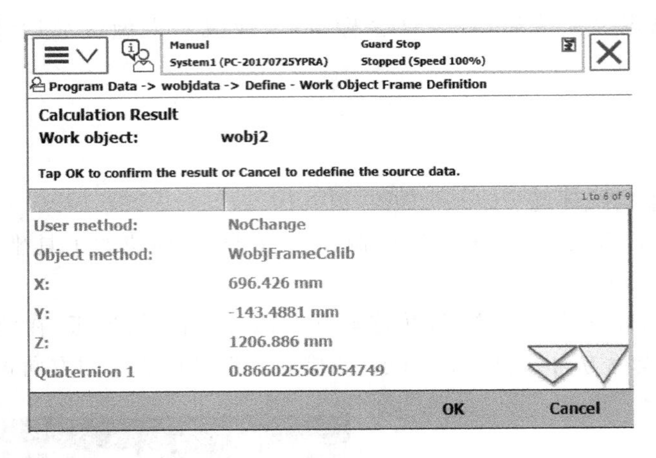

图 2-25　工件坐标计算结果

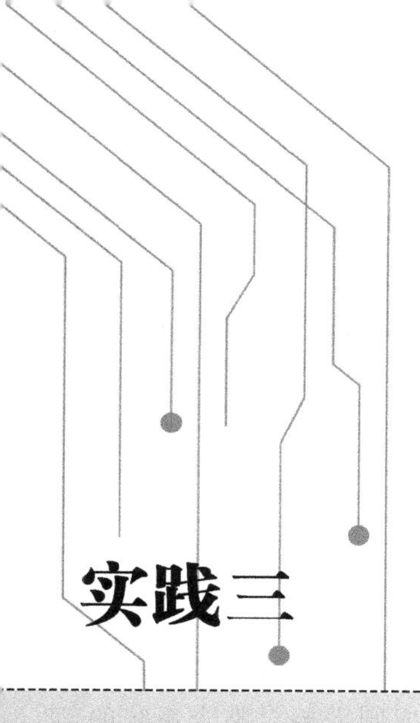

实践三

工业机器人I/O通信

随着工业技术的发展，工业机器人自动化生产线已成为自动化装备的主流及发展方向。为满足控制系统功能，在生产中往往需要多个 PLC 工作站协同工作并完成 PLC 与工业机器人等外设的通讯控制。工业机器人提供了丰富的 I/O 通信接口，与传感器、电磁阀、计算机、PLC、视觉系统等进行数据交换，以获取工作站的运行状态，并按照一定的逻辑运算结果执行动作。

3.1 工程现场

3.1.1 工程应用

为满足生产需求，工业机器人工作站系统集成一般包括硬件集成和软件集成。硬件集成需要根据需求对各个设备接口进行统一定义，以满足通信要求；软件集成则需要对整个系统的信息流进行综合，然后控制各个设备按流程运转。

3.1.2 工程案例

奇瑞公司 P11 焊装车间的车架生产线共有两个机器人弧焊工位，每个工位有四台弧焊机器人，左右对称布置。每台机器人大约有 15 条焊缝，总长度约 2.5 m，焊接时间为 400 s，现场概况如图 3-1 所示。8 台 FANUC 弧焊机器人担负着 P11 车架纵梁总成的焊接任务。焊接夹具油缸驱动采用液压控制，油缸的动作顺序控制采用 PLC 控制。

图 3-1　弧焊机器人

1. 车架焊接工作站

车架焊接工作站主要由弧焊机器人、PLC、焊机系统、清枪器和安全控制系统组成。PLC 通过读取工件是否到位、是否夹紧等传感器信号状态进行逻辑处理，驱动夹具电磁阀动作，控制液压站的起停、弧焊机器人的自动运行。PLC 采用 PROEIBUS-DP 网路通讯与机器人相连，机器人直接通过 I/O 板控制焊接电源、送丝机构，进行焊接工作。

2. 焊接系统硬件构成

焊接系统硬件构成的框图如图 3-2 所示。

(1) PLC。采用西门子 S7400 系列 CPU 414-2DP PLC，该 PLC 为西门子高端 PLC，CPU 处理速度快，通信能力强，适用于大型控制系统。PLC 采用 PROFIBUS-DP 网路通讯实现分布式控制。PLC 通过读取外部信号状态进行逻辑处理，驱动电磁阀动作，控制液压站的起停，控

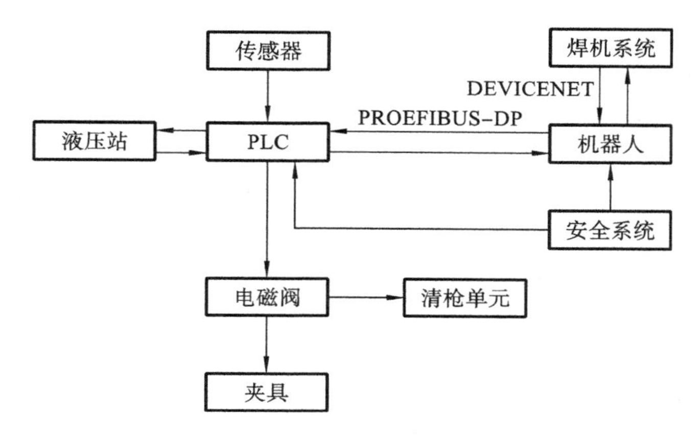

图3-2 焊接系统拓扑图

制弧焊机器人的自动运行。PLC就像联络员，把夹具、机器人、液压站、清枪器等设备一一协调起来，实现有序的自动化工作。

(2) 机器人。采用FANUC公司ARC Mate 100iB型弧焊机器人，控制系统选用高性能的焊接机器人FANUC SYSTEM R-30iA控制系统。该机器人工作半径1 687 mm，腕部负载6 kg，重复精度±0.08 mm，确保了焊缝位置的精确控制。

(3) 传感器。外围输入信号如夹具油缸位置检测信号、按钮信号等，输入给PLC。

(4) 液压站。采用油泵为动力输出，液压油为媒介，驱动油缸运动。

(5) 电磁阀。由PLC输出点控制其线圈通断，达到阀体换向，从而控制油缸动作方向的控制元件。

(6) 焊机系统。焊机系统主要由焊接电源、送丝机、焊枪组成。

3. I/O信号

弧焊机器人的I/O信号如表3-1所示。

表3-1 弧焊机器人的I/O信号

序号	信号	属性	地址	作用
1	AoWeldingCurrent	Ao	0～15	控制焊接电流或者送丝速度
2	AoWeldingVoltage	Ao	16～31	控制焊接电源
3	doWeldOn	Do	32	起弧控制
4	doWGasOn	Do	33	送气控制
5	doFeed	Do	34	点动送丝控制
6	diArcEst	Di	0	起弧建立信号

3.2 知识储备

3.2.1 工程理论

1. 工业机器人通信方式

工业总线就是在模块之间或者设备之间传送信息、相互通信的一组公用信号线的集合，是系统在主控设备的控制下，将发送设备发送的信息准确地传送给某个接收设备的信号载体或公共通路。工业总线的特点在于其公用性．即它可以同时挂接多个模块或设备。现场总线(field bus)是近年来迅速发展起来的一种工业数据总线，它主要解决工业现场的智能化仪器仪表、控制器、执行机构等现场设备间的数字通信，以及这些现场控制设备和高级控制系统之间的信息传递问题。由于现场总线具有简单可靠、经济实用等一系列突出的优点，因而受到了许多标准团体和计算机厂商的高度重视。现场总线是一种工业数据总线，是自动化领域中的底层数据通信网络。

简单地说，现场总线就是以数字通信替代了传统的 4～20 mA 模拟信号及普通开关量信号的传输，是连接智能化现场设备和自动化系统的全数字、双向、多站的通信系统。

1）DeviceNet 通信

DeviceNet 是一种低成本的通信连接，也是一种简单的网络解决方案，有着开放的网络标准。DeviceNet 具有的直接互联性不仅改善了设备间的通信，而且提供了相当重要的设备级阵地功能。DeviceNet 基于 CAN 技术，传输率为 125 Kb/s 至 500 Kb/s，每个网络的最大节点为 64 个，其通信模式为生产者/客户（producer/consumer），采用多信道广播信息发送方式。位于 DeviceNet 网络上的设备可以自由连接或断开，不影响网上的其他设备，而且其设备的安装布线成本较低。DeviceNet 总线的组织结构是 Open DeviceNet Vendor Association(开放式设备网络供应商协会，简称 ODVA)。

2）PROFIBUS 通信

PROFIBUS 是德国标准（DIN19245）和欧洲标准（EN50170）的现场总线标准，由 PROFIBUS-DP、PROFIBUS-FMS、PROFIBUS-PA 系列组成。PROFIBUS-DP 用于分散外设间高速数据传输，适用于加工自动化领域。PROFIBUS-FMS 适用于纺织、楼宇自动化、可编程控制器、低压开关等。PROFIBUS-PA 适用于过程自动化的总线类型，服从 IEC1158－2 标准。PROFIBUS 支持主-从系统、纯主站系统、多主多从混合系统等几种传输方式。PROFIBUS 的传输速率为 9.6 Kb/s 至 12 Mb/s，最大传输距离在 9.6 Kb/s 下为 1 200 m，在 12 Mb/s 下为 200 m，可采用中继器延长至 10 km，传输介质为双绞线或者光缆，最多可挂接 127 个站点。广泛适用于制造业自动化、流程工业自动化和楼宇、交通电力等其他领域的自动化。PROFIBUS 是一种用于工厂自动化车间级监控和现场设备层数据通信与控制的现场总线技术。可实现现场设备层到车间级监控的分散式数字控制和现场通信网络，从而为实现工厂综合自动化和现场设备智能化提供可行的解决方案。

3）PROFINET 通信

PROFINET 由 PROFIBUS 国际组织(PROFIBUS International，PI)推出，是新一代基于工业以太网技术的自动化总线标准。作为一项战略性的技术创新，PROFINET 为自动化通信领域提供了一个完整的网络解决方案，囊括了诸如实时以太网、运动控制、分布式自动化、故障安全以及网络安全等当前自动化领域的热点话题，并且作为跨供应商的技术，可以完全兼容工业以太网和现有的现场总线(如 PROFIBUS)技术，保护现有投资。PROFINET 是适用于不同需求的完整解决方案，其功能包括 8 个主要的模块，依次为实时通信、分布式现场设备、运动控制、分布式自动化、网络安装、IT 标准和信息安全、故障安全和过程自动化。PROFINET 与 PROFIBUS 从狭义上比，没有可比性，因为他们的物理接口不同，电气特性不同，波特率不同，电气介质特性不同，所以两者的协议是完全没有关联性的，唯一的关联性就是两者都是 PI 组织推出来的。

4）CC-Link 通信

CC-Link 是 control&communication link(控制与通信链路系统)的缩写，在 1996 年 11 月

由三菱电机为主导的多家公司推出，其增长势头迅猛，在亚洲占有较大份额。在其系统中，可以将控制和信息数据同时以 10 Mb/s 的速度高速传送至现场网络，具有性能卓越、使用简单、应用广泛、节省成本等优点。CC-Link 不仅解决了工业现场配线复杂的问题，同时具有优异的抗噪性能和兼容性。CC-Link 是一个以设备层为主的网络，同时可覆盖较高层次的控制层和较低层次的传感层。2005 年 7 月，CC-Link 被中国国家标准委员会批准为中国国家标准指导性技术文件。

2. ABB 工业机器人 I/O 通信硬件

ABB 工业机器人的通信硬件方式如表 3-2 所示。

表 3-2 ABB 工业机器人的通信硬件方式

PC	现场总线	ABB 标准
RS232 通信 OPC server Socket Message①	DeviceNet② PROFIBUS② PROFINET② PROFIBUS-DP② EtherNet IP②	标准 I/O 板 PLC ……

注：①一种通信协议；② 不同厂商推出的现场总线协议。

ABB 工业机器人的通信接口及说明如下。

<table>
<tr><th>通信接口图片</th><th>接口说明</th></tr>
<tr><td></td><td>A——与 PC 通信的接口；
B——现场总线接口；
C——ABB 标准 I/O 板。</td></tr>
<tr><td>
</td><td>D——PC 通信的接口放大说明。
PC 通信接口需要选择选项“PC-INTERFACE”才可以使用。</td></tr>
<tr><td>
</td><td>E——现场总线接口放大说明。
使用何种现场总线，要根据需要进行选配。
如果使用 ABB 标准 I/O 板，就必须有 DeviceNet 的总线。</td></tr>
</table>

续表

通信接口图片	接口说明
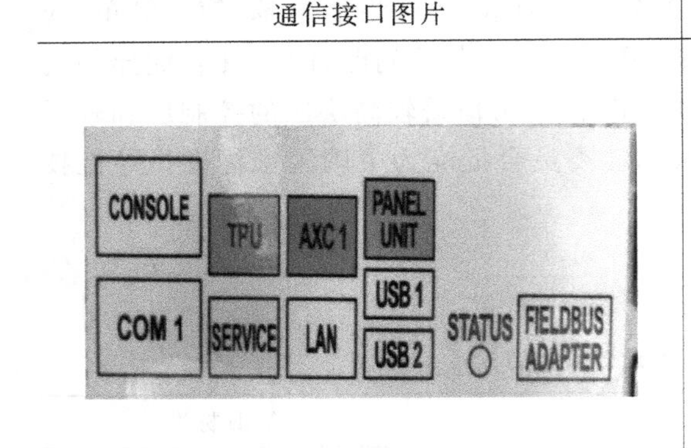	TPU:示教器与主计算机接口。 AXC:轴计算机板与主计算机接口。 PANEL UNIT:安全面板与主计算机接口。 SERVICE:服务端口与主计算机接口。

3. ABB 工业机器人 I/O 板介绍

I/O 板是工业机器人主机与外界交换信息的接口,也就是常说的 I/O 点对点直接连接。主机与外界的信息交换是通过输入/输出设备进行的。一般的输入/输出设备都是机械的或机电相结合的产物,比如常规的传感器、按钮,电磁阀,它们相对于高速的中央处理器来说,速度要慢得多。此外,不同外设的信号形式、数据格式也各不相同。因此,外部设备不能与 CPU 直接相连,需要通过相应的 I/O 板来完成它们之间的速度匹配、信号转换,并完成某些控制功能。常用的 ABB 标准 I/O 板如表 3-3 所示。

表 3-3 常用的 ABB 标准 I/O 板

型号	说明
DSQC651	分布式 I/O 模块 di8\do8\ao2
DSQC652	分布式 I/O 模块 di16\do16
DSQC653	分布式 I/O 模块 di8\do8(继电器型)
DSQC355A	分布式 I/O 模块 ai4\ao4
DSQC327A	分布式 I/O 模块 di16\do16 ao2
DSQC377A	输送链跟踪单元

ABB 标准 I/O 板是挂在 DeviceNet 现场总线下的设备,通过 X5 端口与 DeviceNet 现场总线进行通信。定义 DSQC651 板的总线配置关键参数说明如表 3-4 所示。

表 3-4 DSQC651 板的总线配置关键参数

参数名称	设定值	说明
Name	Board10	设定 I/O 板在系统中的名字
模板	DSQC 651	DSQC 651Combi I/O Device
Address	10	设定 I/O 板在总线中的地址

以 DSQC651 为例来介绍 I/O 板。DSQC651 板主要提供 8 个数字输入信号、8 个数字输出信号和 2 个模拟输出信号的处理。

DSQC651 模块接口说明如下。

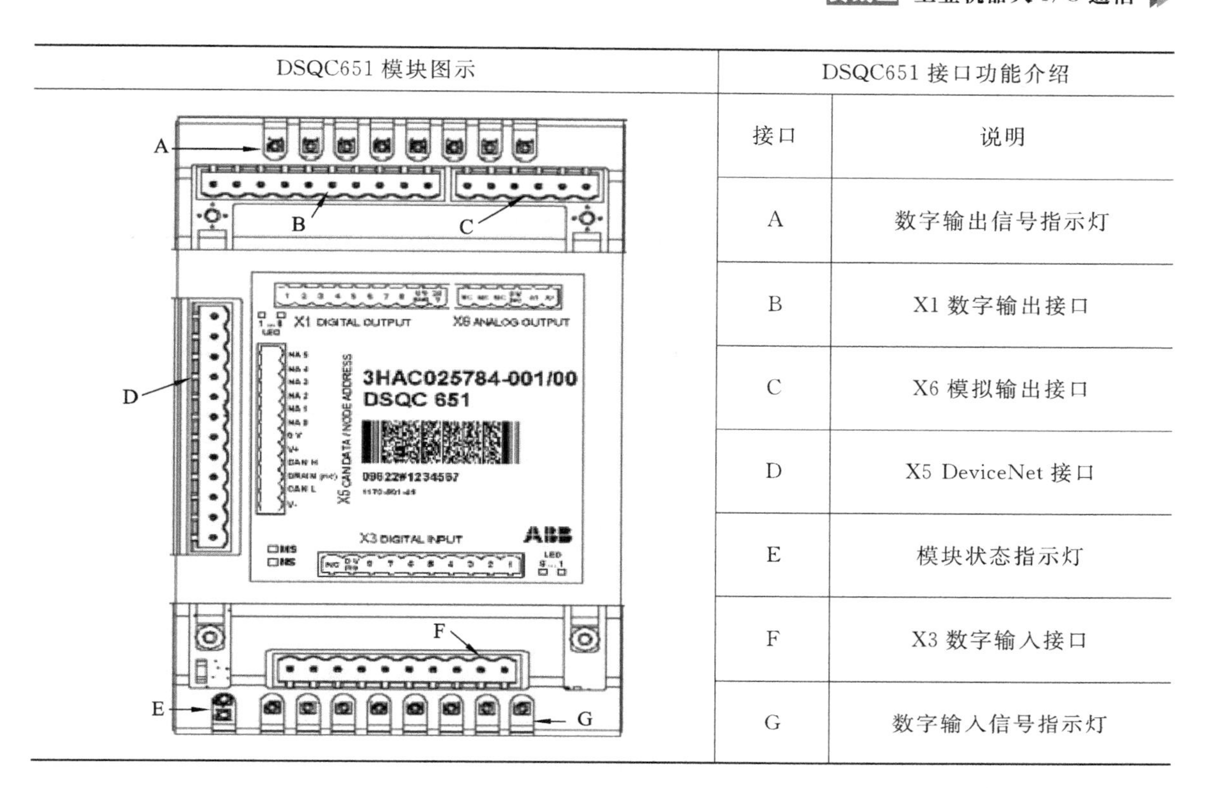

DSQC651 模块图示	DSQC651 接口功能介绍	
	接口	说明
	A	数字输出信号指示灯
	B	X1 数字输出接口
	C	X6 模拟输出接口
	D	X5 DeviceNet 接口
	E	模块状态指示灯
	F	X3 数字输入接口
	G	数字输入信号指示灯

X1 端子、X3 端子、X5 端子、X6 端子的连接说明分别如表 3-5、表 3-6、表 3-7、表 3-8 所示。

表 3-5 X5 端子的连接说明

X5 端子编号	使 用 定 义	X5 端子编号	使 用 定 义
1	0 V BLACK	7	模块 ID bit 1(LSB)
2	CAN 信号线 low BLUE	8	模块 ID bit 2(LSB)
3	屏蔽线	9	模块 ID bit 3(LSB)
4	CAN 信号线 high WHITE	10	模块 ID bit 4(LSB)
5	24 V RED	11	模块 ID bit 5(LSB)
6	GND 地址选择公共端	12	模块 ID bit 6(LSB)

表 3-6 X1 端子的连接说明

X1 端子编号	使 用 定 义	地 址 分 配
1	OUTPUT CH1	32
2	OUTPUT CH1	33
3	OUTPUT CH2	34
4	OUTPUT CH3	35
5	OUTPUT CH4	36
6	OUTPUT CH5	37
7	OUTPUT CH6	38
8	OUTPUT CH7	39
9	0 V	—

续表

X1 端子编号	使 用 定 义	地 址 分 配
10	24 V	—

表 3-7　X3 端子的连接说明

X3 端子编号	使 用 定 义	地 址 分 配
1	INPUT CH1	0
2	INPUT CH1	1
3	INPUT CH2	2
4	INPUT CH3	3
5	INPUT CH4	4
6	INPUT CH5	5
7	INPUT CH6	6
8	INPUT CH7	7
9	0 V	—
10	未使用	—

表 3-8　X6 端子的连接说明

X6 端子编号	使 用 定 义	地 址 分 配
1	未使用	
2	未使用	
3	未使用	
4	0 V	
5	模拟输出 ao1	0-15
6	模拟输出 ao2	16-31

ABB 标准 I/O 板是挂在 DeviceNet 网络上的，所以要设定模块在网络中的地址。X5 端子的 6～12 的跳线用来决定模块的地址，地址可用范围为 0～63(见图 3-3)。

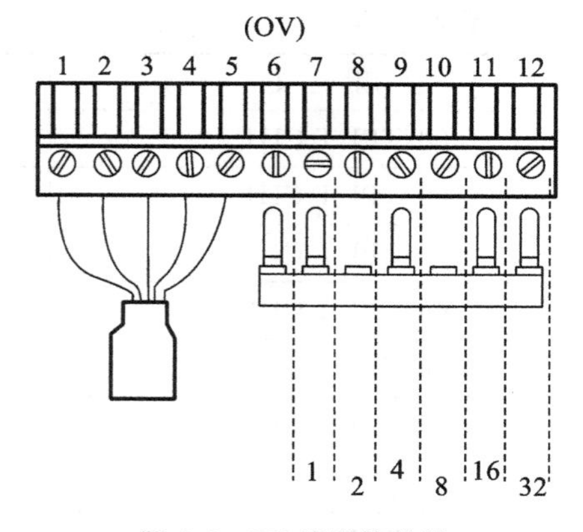

图 3-3　X5 端子的跳线

4. I/O 信号类型

每个 I/O 信号都必须归类为某种预定义类型。I/O 信号的类型将决定该信号的行为、表现方式和解读方式。可用 I/O 信号的类型取决于 I/O 装置的类型。典型信号有 Digital Input（数字输入）、Digital Output（数字输出）、Analog Input（模拟输入）、Analog Output（模拟输出）、Group Input（组输入）、Group Output（组输出）。

5. I/O 信号的参数

在定义 ABB 机器人 I/O 信号时，需要熟知信号类型中各种参数的含义、设定范围、功能特征等，I/O 信号涉及的内容解释如表 3-9 所示。

表 3-9 I/O 信号涉及的内容解释

名 称	含 义
Name	指定了该 I/O 信号的名称
Type of Signal	指定了该 I/O 信号的表现形式
Assigned to Device	指定了该 I/O 信号所关联的 I/O 装置
Signal Identification Label	为一个 I/O 信号提供了一个提供了一个自由文本标签
Device Mapping	指定了把 I/O 信号映射到哪些位上
Category	为一个 I/O 信号提供了一个提供了一种自由文本分类法
Access Level	指定了拥有 I/O 信号写入权限的客户端
Default Value	指定了相关 I/O 信号的默认值
Safe Level	定义了逻辑输出 I/O 信号在各种机器人系统执行情况下的行为
Filter Time Passive	指定了负侧(即从主动到被动的 I/O 信号物理值)检测的滤波时间
Filter Time Active	指定了正侧(即从被动到主动的 I/O 信号物理值)检测的滤波时间
Invert Physical Value	指定了物理表现形式是否宜与相应的逻辑表现形式相反
Analog Encoding Type	指定了如何解读一个模拟 I/O 信号的数值
Maximum Logical Value	指定了 Maximum Physical Value 将对应的逻辑值
Maximum Physical Value	指定了 Maximum Bit Value 将对应的物理值
Maximum Physical Value Limit	指定了最大允许物理值(该数值将起到工作范围限制器的作用)
Maximum Bit Value	指定了 Maximum Logical Value 将对应的位置值
Minimum Logical Value	指定了 Minimum Physical Value 将对应的逻辑值
Minimum Physical Value	指定了 Minimum Logical Value 将对应的物理值
Maximum Physical Value Limit	指定了最小允许物理值，(该数值将起到工作范围限制器的作用)
Minimum Bit Value	指定了 Minimum Logical Value 将对应的位置值
Number of Bits	指定了用于仿真编组 I/O 信号的位数

6. PROFINET 通信配置

以 ABB IRB1410 与西门子 S7-1200PLC PN 通信为例来说明 PROFINET 的通信配置过程。

1）网络拓扑图

ABB IRB1410 与西门子 S7-1200PLC PN 通信网络拓扑图如图 3-4 所示。

2）硬件说明

ABB IRB1410 工业机器人由 IRB1410 本体和 IRC5 控制柜组成，其中完成通信数据交互功能的硬件是 IRC5 控制柜。机器人的系统选项配置如下：①Chinese；②709-1DeviceNet Master/Slave；③888-2PROFINET Controller/Device。

S7-1200 PLC 的 CPU 为 6ES7 212-1AE40-0XB0，它具有 75 KB 工作存储器，24VDC 电源，板载 DI8×24V DC 漏型/源型，DQ6×24V DC 和 AI2，板载 4 个高速计数器(可通过数字量信号板扩展)和 4 路脉冲输出，信号板扩展板载 I/O，多达 3 个用于串行通信的通信模块，2 个用于 I/O 扩展的信号模块，0.04 ms/1000 条指令，PROFINET 接口用于编程、HMI 和 PLC 间的数据通信。

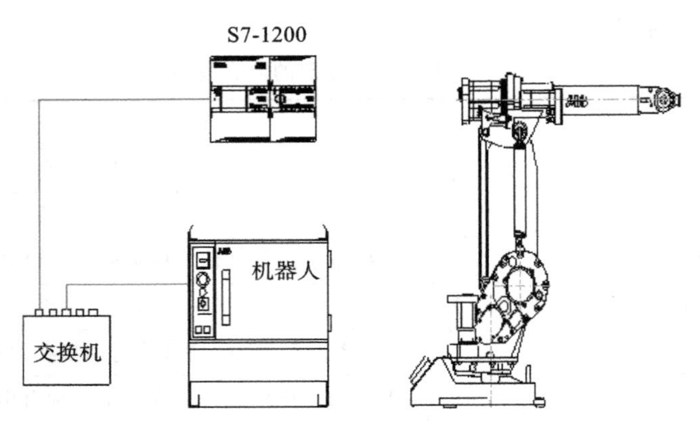

图 3-4　ABB IRB1410 与西门子 S7-1200PLC PN 网络拓扑图

3）连接电缆

推荐使用西门子 PN 通讯电缆连接 ABB IRB1410 和西门子 S7-1200 PLC。若受条件限制，也可自行制作对等网线连接 ABB IRB1410 和西门子 S7-100 PLC，但要求采用超五类网线及 RJ45 水晶头。

3.2.2　工程技能

1. 配置 I/O 板总线连接

配置 I/O 板总线连接的操作步骤如下。

Step1：在示教器的 ABB 菜单中点击“配置”。

Step2：在配置界面主题“I/O System”下选择类型“Device”。

Step3：选择待更改或删除的 I/O 装置，或添加一件新装置。

Step4：输入、删除或更改相关参数的值。

Step5：保存更改内容。

Step6：重启控制器。

2. 配置 I/O 信号

配置 I/O 信号的操作步骤如下。

Step1：在示教器的 ABB 菜单中点击“配置”。

Step2：在主题“I/O System”下选择类型“Signal”。

Step3：添加一个新信号，或选择一个现有的 I/O 信号来加以更改或删除。

Step4：输入、删除或更改相关参数的值。

Step5：保存更改内容。

Step6：重启控制器。

注意：在定义一个 I/O 信号前，须先配置 I/O 板。

3. 配置机器人 PROFINET 通信

设置网络端口的 IP 地址：

Step1：在控制面板的主题中选择类型“Communicaion”。

Step2：选择“IP Setting”，双击“PROFINET Network”。

Step3：设置 IP 地址和子网，此处的 IP 地址和子网一定要和 TIA 软件组态一致，比如 IP：192.168.0.2；Subnet：255.255.255.0。

Step4：单击“确定”后不重启。

配置网络：

Step5：切换至“控制面板—配置—I/O”界面 。

Step6：选择“Industrial Network-PROFINET”。

Step7：编辑“PROFINET Station Name”为 irc5_pnio_device，次站名一定要和 TIA 软件组态 PROFINET 设备名称一致，单击“确定”不重启。

创建 PROFINET 内部 I/O 板：

Step8：在 I/O 界面选择“PROFINET Internal Device”。

Step9：确认 Input Size 和 Output Size 的数据宽度和 TIA 组态一致，输入输出数据宽度相同。

配置 PROFINET 信号：

Step10：切换至“控制面板—配置—I/O”界面，选择“Signal”。

Step11：编辑信号名称，选择信号类型（机器人的输出信号对应 PLC 的输入信号），选择信号从属的 I/O 板。

Step12：设置“Device Mapping”地址（地址从 0 开始）。

Step13：单击“确认”，重启生效。

3.2.3 工程素养

在设计信号时要赋予信号可被识别的含义，不仅让使用者可以读懂其含义，更重要的是让使用者能快速地分辨设计用意，同时符合一定的行业规律。在选择和采购信号板时，在资金充裕的条件下尽量预留部分备用端口，为后续的维修和扩展保留足够的空间。在信号测试过程中，首先确认设备硬件是否连接正确无故障，再检查信号的配置过程。在首次测试过程中，尽量先不给设备提供动力源，先校对逻辑信号，以防止错误动作。

在定义一个信号时我们要遵循的规律如图 3-5 所示。

图 3-5 信号配置规律

3.3 实践指导 SOP

实践指导 SOP 如图 3-6、图 3-7 所示。

实践作业指导书				文件编号	编制日期	页数	版本
					2018/10/8	4/14	A/0
实践任务名称	实践三	工业机器人I/O通信（I/O板信号配置）	实践场地	实训室	标准工时　4日	提交成果	任务书
			实践排号	1	作业类型　上机	人员配置	4～5人

实践步骤	内容	备注
1	根据左图，配备实践环境	
2	根据实践指导中连接线路	
3	定义I/O板和I/O信号	
4	重启示教器	
5	在I/O检测界面，检测型号连接和定义的正确性	

序号	设备型号	功能	数量
1	IRB1410	实现机器人示教、编程、I/O通信	1
2	轨迹板	配合教学任务轨迹参考，变换角度	1
3	基础模组平台	借用其操作面板的按钮和灯	1

安全注意事项

人员安全	送电前一定要确保电源线正确，有效接地					
	在机器人的工作区域内严禁站立					
设备安全	机器人的工作速度不能大于200m/s		核准		审核	承办单位
	在运动过程中注意与工件或其他物体的干涉					承办人

图 3-6　实践指导 SOP 4

实践作业指导书

文件编号	编制日期	页数	版本
	2018/10/8	4/14	A/0

实践任务名称	实践三	工业机器人I/O通信（PROFINET 通信）	实践场地	实训室	标准工时 4日	提交成果	任务书
			实践排号	1	作业类型 上机	人员配置	4~5人

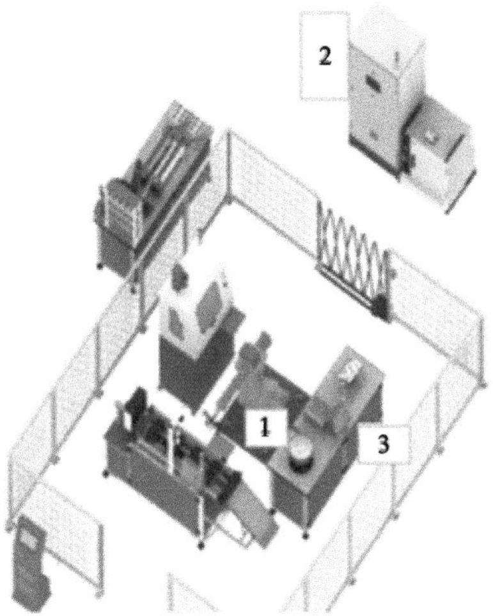

实践步骤	内容	备注
1	根据左图，配置实践环境（基础模组的按钮灯通过主控柜的S7-1500 PLC与工业机器人IRB1410相连）	老师需在上课前将PLC组态完毕，包括IRC5设备的IP地址、名称的分配，输入输出地址大小，DI:30-93，DO:30-93，并将“启动”“复位”按钮的输入与00:30、31相对应，“红”“绿”“黄”的输出与DI:30、31相对应
2	将ABB IRB1410工业机器人的X5端口通过网线连接到主控柜的交换机上，或直接连至S7-1500的PH端口	
3	按端口的接线要求，把基础模组线缆连至主控柜S7-1500的I/O端口	
4	在ABB机器人进行PROFINET 通信配置时，注意分配的IP地址、站点名称和数据交换的大小要与PLC的相同	
5	在I/O检测界面，进行信号连接测试	

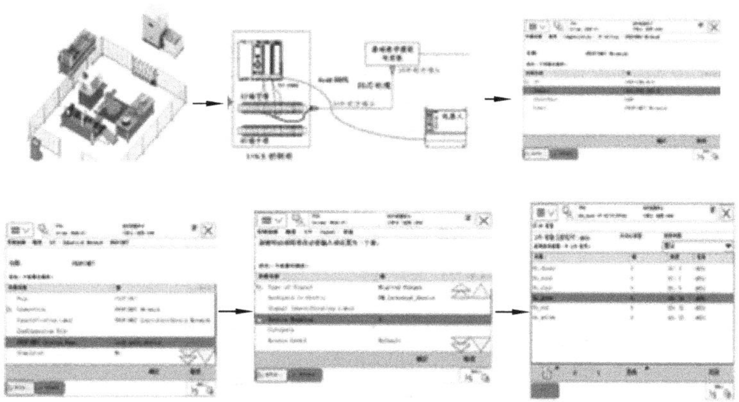

序号	设备型号	功能	数量
1	IRB1410	实现机器人示教、编程、I/O通信	1
2	主控柜	机器人与基础模组信号连接的中转站，PLC1500	1
3	基础模组平台	借用其操作面板的按钮和灯	1

安全注意事项

人员安全	送电前一定要确保电源线正确，有效接地
	在机器人的工作区域内严禁站立
设备安全	运动速度限制，机器人的工作速度不能大于200m/s
	在运动过程中注意与工件或其他物体的干涉

核准		审核		承办单位
				承办人

图 3-7　实践指导 SOP 5

3.4 实践任务

设备介绍

IRB1410,专用电工工具一套,平头按钮三个,三色灯一个,导线扎带若干。

实践目的

(1) 了解工业机器人的通信种类。
(2) 熟悉 ABB 工业机器人标准 I/O 板配置方法。
(3) 掌握 ABB 工业机器人 I/O 信号配置方法。

实践要求

(1) 能够正确连接和设置 ABB 标准 I/O 板的地址和信号。
(2) 能够根据项目要求合理选择和分配 I/O 板。

实践过程

(1) 按附录 A、附录 B 中的连接拓扑图配置实践环境。

(2) 根据表 3-11,将基础模组操作面板上的"启动""复位""单机联机"按钮和三色灯与机器人 I/O 板的端子连接起来。分别定义信号名称为 Di_start,Di_reset,Di_choose,数字输出信号 Do_red,Do_green,Do_yellow,配置 I/O 板和信号,连接电路,并在输入输出监控界面判断信号定义的正确性。

(3) 应用 PROFINET 通信协议,使 ABB 工业机器人 IRB1410 与 S7-1200PLC PN 实现通信,定义信号 Di_start,Di_reset,Di_choose,数字输出信号 Do_red,Do_green,Do_yellow,对应的地址见附表 B-1,网络拓扑图见附图 B-1。

实践评价

(1) 硬件环境配置正确(20 分)。
(2) I/O 板和 I/O 信号定义正确(30 分)。
(3) PN 通信设置正确,信号定义正确(30 分)。
(4) 实践总结和心得(20 分)。

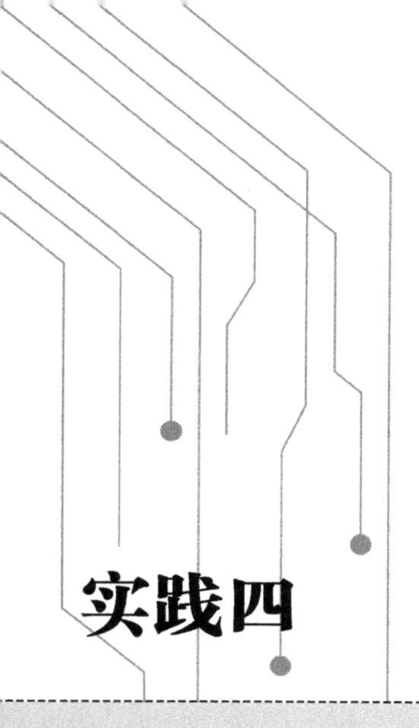

实践四

工业机器人动作及编程

工业机器人语言已经成为工业机器人技术的一个重要部分。工业机器人的功能除了依靠几个硬件的支持以外，相当一部分还要依赖工业机器人语言来完成。早期的工业机器人功能单一、动作简单，可采用固定的程序或示教方式来控制机器人的运动。随着工业机器人作业动作的多样化和作业环境的复杂化，依靠固定的程序或示教方式已经满足不了要求，必须依靠能适应作业和环境变化的工业机器人语言编程来完成工业机器人的工作。工业机器人的程序编制是工业机器人运动和控制的结合点，是实现人与工业机器人通信的主要方法，也是研究工业机器人系统的关键问题之一。

工业机器人编程语言的基本功能之一就是描述工业机器人需要进行的运动。用户能够运用语言中的运动语句与规划器和发生器连接，允许用户规定路径上的点及目标点，决定是否采用点插补运动或笛卡尔直线运动。用户还可以控制运动速度或运动持续时间。

4.1 工程现场

4.1.1 工程应用

1. 工业机器人关节运动类型

当工业机器人不需要沿指定路径运动到当前示教点时，采用关节运动类型。关节运动类型对应的运动指令为 MoveJ。一般说来，为安全起见，程序起始点使用关节运动类型。关节运动类型的特点是速度最快、路径不可知，因此此运动类型一般运用在空间点上，并且在自动运行程序之前，必须低速检查一遍，观察工业机器人实际运动轨迹是否与周围设备有干涉。

2. 工业机器人直线运动类型

当工业机器人需要沿直线路径运动到当前示教点时，采用直线运动类型。直线运动类型对应的运动指令为 MoveL。直线运动的起始点是前一运动指令的示教点，结束点是当前指令的示教点。在直线运动过程中，工业机器人运动控制点走直线，夹具姿态自动改变，如图 4-1 所示。

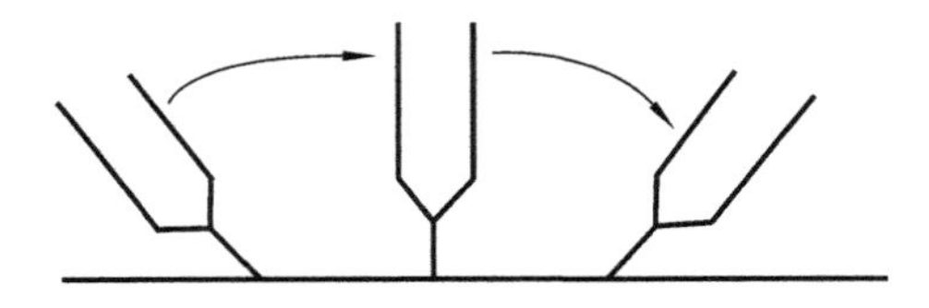

图 4-1　夹具姿态变化示意图

3. 工业机器人圆弧运动类型

当工业机器人需要沿圆弧路径运动到当前示教点时，采用圆弧运动类型。圆弧运动类型对应的运动指令为 MoveC。

1）单个圆弧

三点确定唯一圆弧，因此，圆弧运动时，需要示教三个圆弧运动点，即 P1～P3，如图 4-2 所示。如果示教点 P0 为关节运动或直线运动，则在开始圆弧运动前，机器人沿直线从 P0 点运动到 P11 点，P11 点与圆弧起点 P1 是同一点。

2）连续多个圆弧

当需要作连续多个圆弧运动时，两段圆弧运动由一个关节或直线运动点隔开，且第一段圆

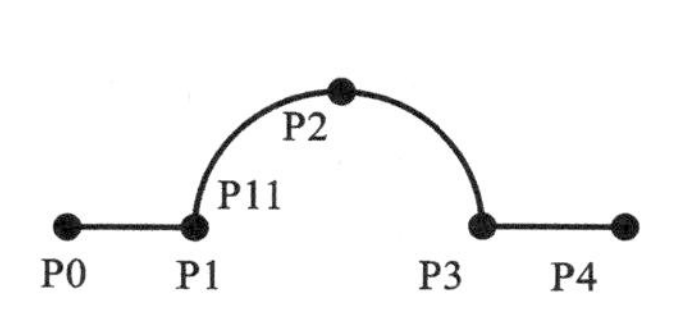

点	运动类型	指令
P0～P11	关节或直线	MoveJ或MoveL
P1～P3	圆弧	MoveC
P4	关节或直线	MoveJ或MoveL

图 4-2　单个圆弧编程指令

弧的终点和第二段圆弧的起点重合，如图 4-3 所示。

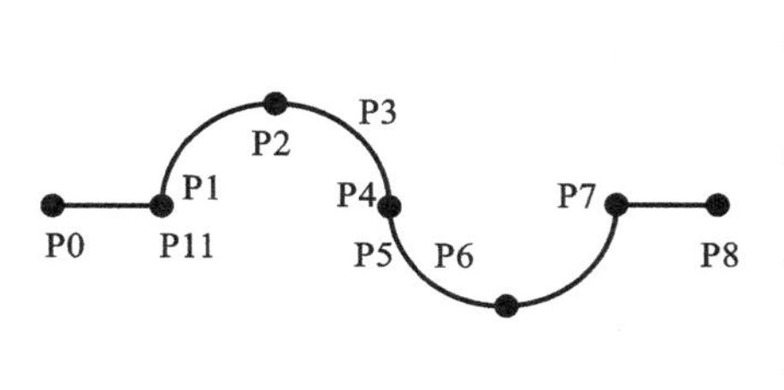

点	运动类型	指令
P0～P11	关节或直线	MoveJ或MoveL
P1～P3	圆弧	MoveC
P4	关节或直线	MoveJ或MoveL
P5～P7	圆弧	MoveC

图 4-3　连续多个圆弧编程指令

4.1.2　工程案例

在汽车制造工厂，需要在总装车间完成前、后风挡玻璃的涂胶及装配工序，装配品质由涂胶质量及安装质量共同决定。涂胶及装配质量不仅影响整车的降噪、防漏水品质，还直接影响用户对整车的感觉，所以越来越多的总装车间采用工业机器人完成涂胶及装配工作。风挡玻璃的安装一般在内饰装配线中完成，传统的风挡玻璃装配工艺一般由人工或机器人进行涂胶，人工或助力机械臂辅助安装。而高速机器人玻璃涂胶安装工作站能提高生产工艺的自动化程度，较传统的人工玻璃安装工艺至少可以提高 20%的工作效率，降低工人的劳动强度，提高涂胶及装配质量；还可以节约 10%的原料，能够保证胶型控制精度在±0.5 mm，安装精度在±0.8 mm，保证了风挡玻璃装配质量的稳定性。图 4-4 所示为工业机器人涂胶现场。

图 4-4　工业机器人涂胶现场

风挡玻璃自动涂胶及装配的工艺流程：人工上件→自动清洗→自动底涂→晾干→自动涂胶→自动安装。清洗、底涂、涂胶、安装工艺均可以实现无人化操作。全自动清洗及底涂工艺利用清洗剂自动供液系统及工业机器人共同实现。

设备主要包含对中台、工业机器人、清洗装置、底涂装置、玻璃库区、输送线等。考虑到成本及生产节拍，清洗与底涂可采用同一台工业机器人。

工业机器人自动涂胶的原理：机器人根据对中台反馈的玻璃信息，匹配相应的涂胶轨迹，机器人与工位 PLC 联锁通信，得到生产计划发来的信息，也可设置防错功能。同样，胶枪处设置胶型检测装置，保证胶型尺寸满足工艺要求，且使机器人涂胶精度能够控制在±0.5 mm 以内，能够对转弯及接口处的胶轨迹进行更有序的控制。通过对供胶参数进行调节，可满足不同车型的混线生产，实现涂胶柔性化。气涂胶轨迹需要机器人的动作处理来实现，程序如下：

```
PROC rTeachPath()
  MoveJ pHome,vmax,z10,gun\WObj:= wobj0;
  MoveJ P_A10,v1000,fine,gun\WObj:= wobjStationA;
  MoveJ P_A20,v100,z1,gun\WObj:= wobjStationA;
  MoveJ P_A30,v100,z1,gun\WObj:= wobjStationA;
  MoveJ P_A40,v100,fine,gun\WObj:= wobjStationA;
  MoveJ P_A50,v100,fine,gun\WObj:= wobjStationA;
  MoveJ P_A60,v100,fine,gun\WObj:= wobjStationA;
  MoveJ P_A70,v100,fine,gun\WObj:= wobjStationA;
  MoveJ P_A80,v100,fine,gun\WObj:= wobjStationA;
  MoveJ P_A90,v100,fine,gun\WObj:= wobjStationA;
  MoveJP_A100,v1PROC rTeachPath()
  MoveJ pHome,vmax,z10,gun\WObj:= wobj0;
  MoveJ P_A10,v1000,fine,gun\WObj:= wobjStationA;
  MoveJ P_A20,v100,z1,gun\WObj:= wobjStationA;
  MoveJ P_A30,v100,z1,gun\WObj:= wobjStationA;
  MoveJ P_A40,v100,fine,gun\WObj:= wobjStationA;
  MoveJ P_A50,v100,fine,gun\WObj:= wobjStationA;
  MoveJ P_A60,v100,fine,gun\WObj:= wobjStationA;
  MoveJ P_A70,v100,fine,gun\WObj:= wobjStationA;
  MoveJ P_A80,v100,fine,gun\WObj:= wobjStationA;
  MoveJ P_A90,v100,fine,gun\WObj:= wobjStationA;
  MoveJ P_A100,v100,fine,gun\WObj:= wobjStationA;
  MoveJ P_B10,v1000,fine,gun\WObj:= wobjStationB;
  MoveJ P_B20,v100,z1,gun\WObj:= wobjStationB;
  MoveJ P_B30,v100,z1,gun\WObj:= wobjStationB;
  MoveJ P_B40,v100,fine,gun\WObj:= wobjStationB;
  MoveJ P_B50,v100,fine,gun\WObj:= wobjStationB;
  MoveJ P_B60,v100,fine,gun\WObj:= wobjStationB;
  MoveJ P_B70,v100,fine,gun\WObj:= wobjStationB;
  MoveJ P_B80,v100,fine,gun\WObj:= wobjStationB;
  MoveJ P_B90,v100,fine,gun\WObj:= wobjStationB;
  MoveJ P_B100,v100,fine,gun\WObj:= wobjStationB;
  ENDPROC
```

4.2 知识储备

4.2.1 工程理论

1. 运动指令介绍

工业机器人运动指令如表 4-1 所示。

表 4-1 工业机器人运动指令

指令	移动类型
MoveC	工具中心接触点(TCP)沿圆周路径移动
MoveJ	关节运动
MoveL	工具中心接触点(TCP)沿直线路径移动
MoveAbsJ	绝对关节移动
MoveExtJ	在无工具中心接触点的情况下,沿直线或圆周移动附加轴
MoveCDO	沿圆周移动机械臂,设置转角路径中间的数字信号输出
MoveJDO	通过关节运动移动机械臂,设置转角路径中间的数字信号输出
MoveLDO	沿直线移动机械臂,设置转角路径中间的数字信号输出
MoveCSync	沿直线移动机械臂,执行 RAPID 语言过程
MoveJSync	通过关节运动移动机械臂,执行 RAPID 语言过程
MoveLSync	沿直线移动机械臂,执行 RAPID 语言过程

1) MoveAbsJ——把工业机器人移动到绝对轴位置

MoveAbsJ(绝对关节移动)用来把工业机器人或者外部轴移动到一个绝对位置,该位置在轴定位中定义。最终位置既不受工具或者工作对象的影响,也不受激活程序更换的影响。但是工业机器人要用到这些数据来计算负载、TCP 速度和转角点。

例 1 `MoveAbsJ p50,v1000,z50,tool2;`

机器人将工具 tool2 沿着一个非线性路径移动到绝对轴位置 p50,速度数据是 v1000,zone 数据是 z50。

例 2 `MoveAbsJ * ,v1000\T:= 5,fine,grip3;`

工业机器人将工具 grip3 沿着一个非线性路径移动到一个停止点,该停止点在指令中作为一个绝对轴位置存储(用 * 标示)。整个运动需要 5 秒钟。

2) MoveJ——通过关节移动移动工业机器人

当运动不必是直线的时候,MoveJ 用来快速将工业机器人从一个点移动到另一个点。工业机器人和外部轴沿着一个非直线的路径移动到目标点,所有轴同时到达目标点。

例 1 `MoveJ p1,vmax,z30,tool2;`

工具 tool2 的 TCP 沿着一个非线性路径移动到位置 p1,速度数据是 vmax,zone 数据是 z30。

例 2 `MoveJ * ,vmax \T:= 5,fine,grip3;`

工具 grip3 的 TCP 沿着一个非线性路径移动到存储在指令中的停止点(用 * 标记)。整个运动需要 5 秒钟。

例 3 `MoveJ * ,v2000\V:= 2200,z40 \Z:= 45,grip3;`

工具 grip3 的 TCP 沿着一个非线性路径移动到存储在指令中的位置。运动执行数据被设定为 v2000 和 z40;TCP 的速度和 zone 的大小分别是 2 200 mm/s 和 45 mm。

3）MoveL——让工业机器人做直线运动

MoveL 用来让工业机器人的 TCP 直线运动到给定的目标位置。当 TCP 仍旧固定的时候,该指令也可以重新给工具定方向。

例 1 `MoveL p1,v1000,z30,tool2;`

Tool2 的 TCP 沿直线运动到位置 p1,数度数据为 v1000,zone 数据为 z30。

例 2 `MoveL p5,v2000,fine \Inpos:= inpos50,grip3;`

Grip3 的 TCP 沿直线移动到停止点 p5。当停止点 fine 的 50%的位置条件和 50%的速度条件满足的时候,工业机器人认为它到达了目标点。工业机器人等条件满足的时间最多为两秒,参看 stoppointdata 数据类型的预定义数据 inpos50。

4）MoveC——让工业机器人做圆周运动

MoveC 用来让工业机器人的 TCP 沿圆周运动到一个给定的目标点。在运动过程中,相对于圆的方向通常保持不变。该指令只能在主任务 T_ROB1 中使用,或在多运动系统中的运动任务中使用。当 TCP 在圆的起点和终点之间的时候,MoveC 指令(或者任何其他包括圆周运动的指令)不允许从开头执行,否则工业机器人将不能执行编程的路径(从和编程路径方向不同的方向绕圆周路径定位)。

例 1 `MoveC p1,p2,v500,z30,tool2;`

Tool2 的 TCP 沿圆周运动到 p2,速度数据为 v500,zone 数据为 z30。圆由开始点、中间点 p1 和目标点 p2 确定。

例 2 `MoveC * ,* ,v500 \T:= 5,fine,grip3;`

Grip3 的 TCP 沿圆周运动到存储在指令中的 fine 点(第二个 * 标记)。中间点也存储在指令中(第一个 * 标记)。整个运动需要 5 秒钟。

图 4-5 说明了怎么用两个 MoveC 指令画一个完整的圆。

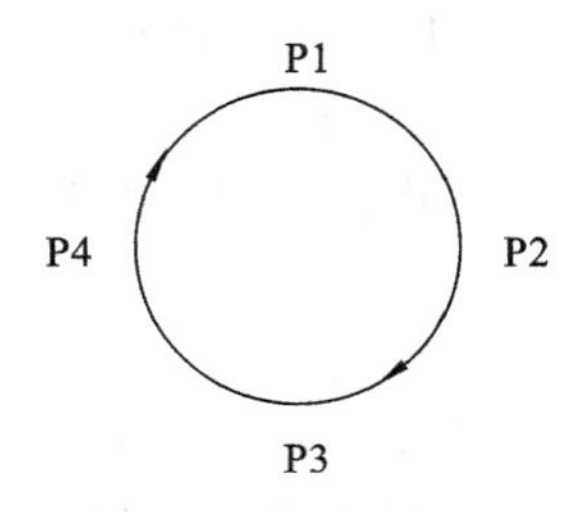

图 4-5　工业机器人圆周运动编程示意图

5）MoveLDO——直线移动工业机器人并在转角处设置数字输出

MoveLDO(直线运动数字输出)用来直线移动 TCP 到指定的目标点。在转角路径的中间位置,指定的数字输出信号被置位/复位。当 TCP 仍旧固定的时候,该指令也可以用来给工具重新定向。

例 `MoveLDO p1,v1000,z30,tool2,do1,1;`

工具 tool2 的 TCP 直线运动到目标位置 p1,速度数据为 v1000,zone 数据为 z30。在 p1 的转角路径的中间位置,输出信号 do1 被置位。

图 4-6 说明了在转角路径 MoveLDO 指令的数字输出信号的置位/复位。

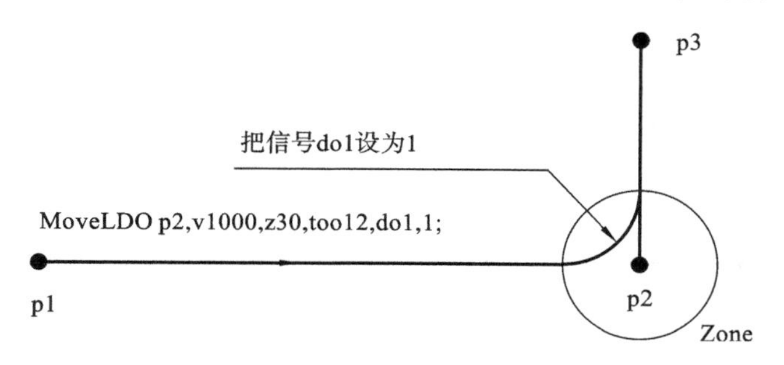

图 4-6 MovelDO 指令示意图

对于停止点，推荐使用“正常”的编程顺序，即 MoveJ＋SetDO。当在指令 MoveLDO 中使用停止点，或当工业机器人到达停止点的时候，数字输出信号置位/复位。

6）MoveCDO——圆周移动工业机器人并在转角处设置数字输出

MoveCDO(圆周移动数字输出)用来把 TCP 圆周移动到一个给定的目标点。指定的数字输出在目标点的转角路径的中间被置位/复位。在移动过程中，相对于圆周的方向通常保持不变。

例 `MoveCDO p1,p2,v500,z30,tool2,do1,1;`

Tool2 的 TCP 圆周移动到位置 p2，速度数据为 v500，zone 数据为 z30。圆周由开始点、圆周点 p1 和目标点 p2 确定。在转角路径 p2 的中间位置设置输出 do1。

7）MoveCSync——圆周移动工业机器人并执行一个 RAPID 程序

MoveCSync(同步圆周移动)用来把 TCP 圆周移动到一个给定的目标位置。在目标点的转角路径的中间位置，指定的 RAPID 程序开始运行。在移动过程中，相对于圆周的方向通常保持不变。

例 `MoveCSync p1,p2,v500,z30,tool2,“proc1”;`

Tool2 的 TCP 沿圆周移动到位置 p2，速度数据为 v500，zone 数据为 z30。圆周由开始点、圆周点 p1 和目标点 p2 确定。在转角路径 p2 的中间位置，程序 proc1 开始执行。

8）MoveLSync——直线移动工业机器人并执行一个 RAPID 程序

MoveLSync(同步直线移动)用来把 TCP 直线移动到给定的目标位置。在目标点的转角路径的中间位置，指定的 RAPID 程序开始运行。

例 `MoveLSync p1,v1000,z30,tool2,“proc1”;`

工具 tool2 的 TCP 沿直线移动到位置 p1，速度数据为 v1000，zone 数据为 z30。在 p1 的转角路径的中间位置，程序 proc1 开始执行。

当 TCP 到达 MoveJSync 指令的目标点的转角路径的中间位置时，指定的 RAPID 程序开始执行，如图 4-7 所示。对于停止点，推荐使用“正常”的编程顺序，即 MoveL＋其他 RAPID 指令。

9）MoveExtJ——移动一个或者多个没有 TCP 的机械单元

MoveExtJ(移动外部关节)只用来移动线性或者旋转外部轴。该外部轴可以属于一个或者多个没有 TCP 的外部单元。

例 1 `MoveExtJ jpos10,vrot10,z50;`

移动旋转外部轴到关节位置 jpos10，速度为 10°/秒，zone 数据为 z50。

例 2 `MoveExtJ \Conc,jpos20,vrot10 \T:= 5,fine \InPos:= inpos20;`

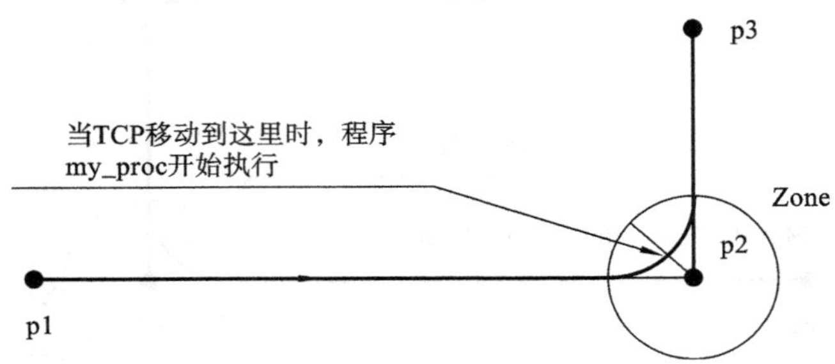

图 4-7　MoveLSync 指令示意图

用 5 秒钟把外部轴移动到关节位置 jpos20。程序立即向前执行，但是外部轴停止在位置 jpos20 上，直到 inpos20 的检测标准满足。

2. 运动功能

1) Offs——取代一个工业机器人位置

结构：

```
Offs(Point XOffset YOffset ZOffset);
```

Point 数据类型：robtarget；含义：有待移动的位置数据。

XOffset 数据类型：num；含义：工件坐标系中 X 方向的位移。

YOffset 数据类型：num；含义：工件坐标系中 Y 方向的位移。

ZOffset 数据类型：num；含义：工件坐标系中 Z 方向的位移。

应用说明：

例 1　MoveL Offs(p2,0,0,10),v1000,z50,tool1;

将机械臂移动至距位置 p2(沿 z 方向)10 mm 的一个点。

例 2

```
PROC pallet(num row,num column,num distance,PERS tooldata tool,PERS
wobjdata wobj);
    VAR robtarget palletpos:= [[0,0,0],[1,0,0,0],[0,0,0,0],
    [9E9,9E9,9E9,9E9,9E9,9E9]];
    palettpos:= Offs(palettpos,(row-1)* distance,(column-1)* distance,0);
    MoveL palettpos,v100,fine,tool\WObj:= wobj;
    ENDPROC
```

制定一个有关托盘拾取零件的程序。将各托盘定义为一个工件(参见图 4-8)。将待拾取零件(行和列)以及零件之间的距离作为输入参数。在程序外实施行和列指数的增值。

2) RelTool——实施与工具相关的取代

结构：

```
RelTool(Point Dx Dy Dz [\Rx] [\Ry] [\Rz]);
```

Point 数据类型：robtarget；含义：输入机械臂位置。该位置的方位规定了工具坐标系的当前方位。

Dx 数据类型：num；含义：工具坐标系 X 方向的位移，以 mm 计。

Dy 数据类型：num；含义：工具坐标系 Y 方向的位移，以 mm 计。

Dz 数据类型：num；含义：工具坐标系 Z 方向的位移，以 mm 计。

[\Rx]数据类型：num；含义：围绕工具坐标系 X 轴的旋转，以度计。

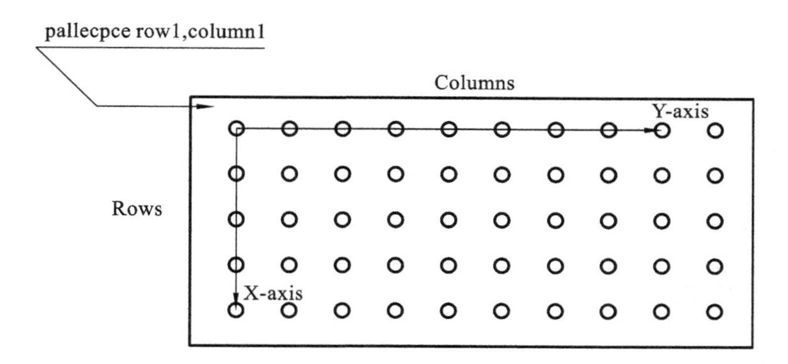

图 4-8 将托盘定义为一个工件

[\Ry]数据类型:num;含义:围绕工具坐标系 Y 轴的旋转,以度计。

[\Rz]数据类型:num;含义:围绕工具坐标系 Z 轴的旋转,以度计。

如果同时指定两次或三次旋转,则将首先围绕 X 轴旋转,随后围绕新的 Y 轴旋转,最后围绕新的 Z 轴旋转。

应用说明:

例 1 `MoveL RelTool(p1,0,0,100),v100,fine,tool1;`

沿工具的 z 方向,将机械臂移动至距 p1 达 100 mm 的一处位置。

例 2 `MoveL RelTool(p1,0,0,0 \Rz:= 25),v100,fine,tool1;`

将工具围绕其 Z 轴旋转 25°。

3) CalcRobT——关节位置,计算工业机器人位置

结构:

```
CalcRobT(Joint_target Tool [\WObj]);
```

Joint_target 数据类型:jointtarget;含义:相关的机器人轴和外轴的接头位置。

Tool 数据类型:tooldata;含义:用于计算机器人位置的工具。

Work Object 数据类型: wobjdata;含义:机器人位置相关的工件(坐标系)。

应用:CalcRobT 用于计算来自给定的 jointtarget 数据的 robtarget 数据。该指令返回 robtarget 值以及位置(x,y,z)、方位(q1 ... q4)、机器人轴配置和外轴位置。

例
```
VAR robtarget p1;
CONST jointtarget jointpos1:= [...];
p1:= CalcRobT(jointpos1,tool1 \WObj:= wobj1);
```

将符合 jointtarget 值 jointpos1 的 robtarget 值储存在 p1 中。工具 tool1 和工件 wobj1 用于计算 p1 的位置。

4) CRobT——读取当前位置(工业机器人位置)数据

结构:

```
CRobT([\TaskRef]|[\TaskName] [\Tool] [\WObj]);
```

[\TaskRef]数据类型: taskid;含义:应当从程序任务识别号读取 robtarget。

[\TaskName]数据类型: string;含义:应当从程序任务名称读取 robtarget。如果未指定自变量\TaskRef 或\TaskName,则使用当前任务。

[\Tool]数据类型: tooldata;含义:有关用于计算当前机械臂位置的工具的永久变量。如果省略该参数,则使用当前的有效工具。

[\WObj]数据类型: Work Object。

例
```
VAR robtarget p1;
MoveL * ,v500,fine \Inpos:= inpos50,tool1;
p1:= CRobT(\Tool:= tool1 \WObj:= wobj0);
```
将工业机器人和外轴的当前位置储存在 p1 中。工具 tool1 和工件 wobj0 用于计算位置。注意，在读取和计算位置前，机械臂静止不动。通过使用先前移动指令中位置精度 inpos50 内的停止点 fine，实现上述操作。

4.2.2 工程技能

1. 工况说明

通过运动指令和运动功能的学习，我们利用专用的示教末端操作器来实现轨迹板上的三角形轨迹运动编程（见图 4-9）。

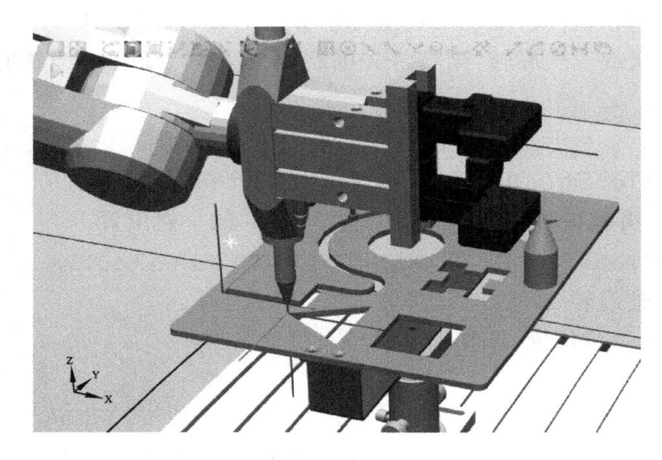

图 4-9 运动轨迹编程环境示意

首先三角形的轨迹都是直线组成的，完成这样的轨迹运动的最主要的指令应该是 MoveL。其次要关注的是机器人工作的起点，根据工程经验，机器人运动轨迹的起点一般不会放置于对象上，所以我们将工作起点定位到轨迹对象上方一点的位置，考虑使用 Offs 运动功能来实现这样的运动工况。运动轨迹如图 4-10 所示。

以P1为参考向上偏移

P1

图 4-10 运动轨迹

轨迹程序示例：
```
MoveL offs(P1,0,0,100),v1000,fine,Tool1\WObj:= Wobj1;
MoveL P1,v1000,fine,Tool1\WObj:= Wobj1;
MoveL P2,v1000,fine,Tool1\WObj:= Wobj1;
```

```
MoveL p3,v1000,fine,Tool1\WObj:= Wobj1;
MoveL P1,v1000,fine,Tool1\WObj:= Wobj1;
MoveL offs(P1,0,0,100),v1000,fine,Tool1\WObj:= Wobj1;
```

2. 工作流程

（1）建立工具坐标。根据工况说明，首先需要对 TCP 进行标定，确定机器人运动轨迹点，轨迹点的定义原则是工况要求动作的中心点，例如本项目要求用校准点示教轨迹，那么 TCP 就是工具的尖点。其次是 TCP 的方向，如何去定义一个尖点的方向，我们会联想到和尖点相对位置的固定方向是可识别的物理位置，例如本项目中的气缸棱边，如图 4-11 所示。

（2）建立工件坐标。根据工艺对象所在位置，建立用户坐标和工件坐标，通常情况下规定工艺对象的夹具和平台都是固定不可移动的，从而忽略了用户坐标的建立。工件坐标的原点和方向依据工件的形状和特征来标定，如图 4-12 所示。

图 4-11　工具坐标位置

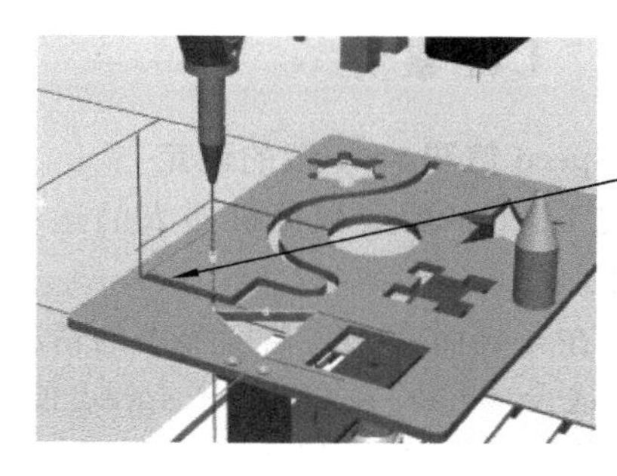

图 4-12　工件坐标位置

（3）调整工业机器人的姿态。在标定的工具坐标系下，使用重定位模式对工具校准器进行调节，直到和运动平面垂直为止，或者用对准的方法实现，如图 4-13 所示。

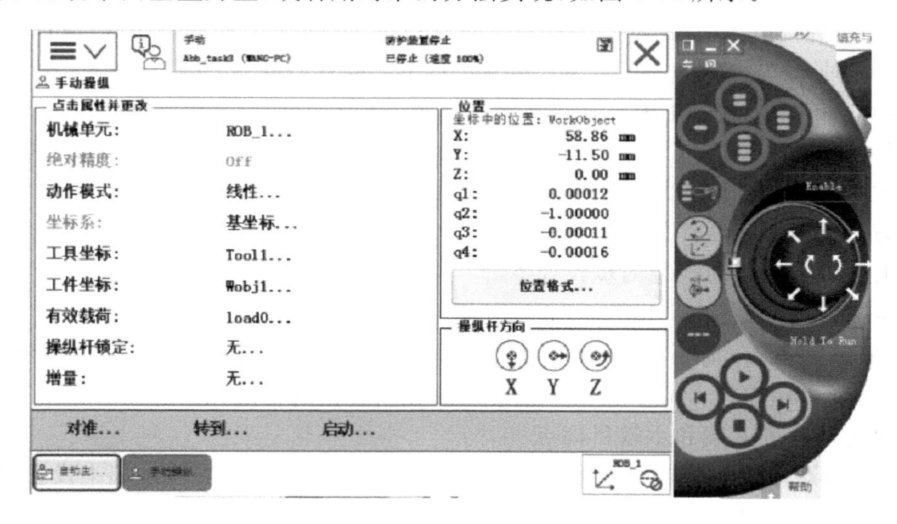

图 4-13　调整机器人的姿态

（4）示教目标点。示教机器人通过线性运动移至三角形的顶点，添加指令 MoveL，注意指令中的工具数据和工件数据。在指定的程序模块下的例行程序内添加运动指令，如图 4-14、图 4-15 所示。

通过以上步骤完成工业机器人目标点的示教，本项目要示教三角形的三个顶点，在示教的过程中尽量选择当前的工具数据和工件数据。

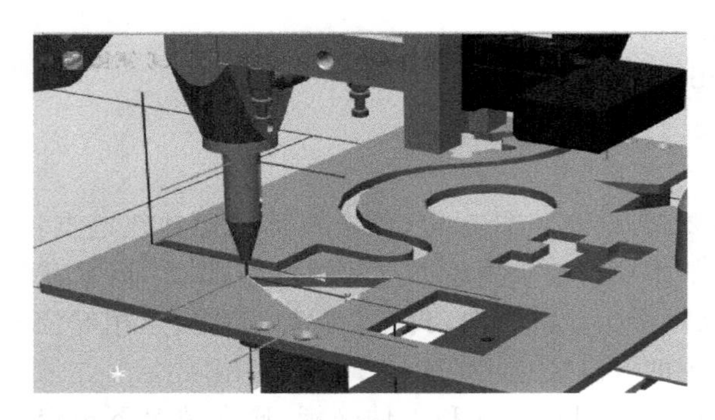

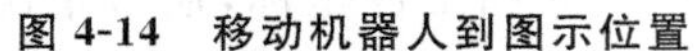

图 4-14　移动机器人到图示位置

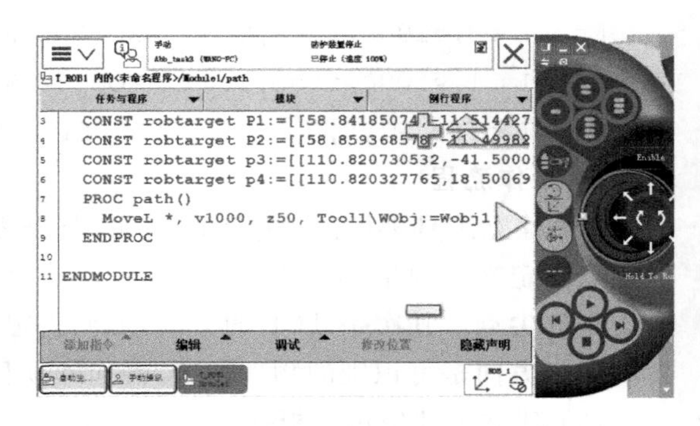

图 4-15　添加指令,保存机器人当前点位

(5) 轨迹编程,根据要实现的工作轨迹,即工业机器人的动作过程完成程序编辑。

4.2.3　工程素养

1. 对于 speed 值和 zone 值的设定

一般情况下,zone 值要根据机器人的运动速度和对运动的精度要求来确定,即 zone 值与 speed 值是相关的。

(1) 通常在开阔而又无高精度要求的情况下,速度值设为 v3000,通常自动化把这个速度定义为 vmax,(这个 vmax 与 OLP 中 speed 值可选项中的 vmax 稍有不同,理论上,机器人的 vmax 应该等于 v8000 左右,但实际情况下,这个速度仅为 3000 mm/s 左右),此时与之对应的 zone 值设置为 z200～z500,过小的 zone 值会造成机器人运动时候的停顿和扰动,特别是机器人负载较大的时候。

(2) 焊接过程中,速度一般为 v1000～v1500,有时候自动化也会把 v1500 这个速度定义为 vmid,此时设置的 zone 值一般为 z5～z150。通常情况下,在这个速度下 zone 值设置为 z50;空间不太受限制时,也可以把 zone 值加大到 z150;在空间比较狭小的地方,zone 值设置为 z5～z10;对于焊点,zone 值设置为 fine。

(3) 速度一般为 v500 以下,有时候自动化会把 v500 这个速度定义为 vmin,这个速度一般在位置特别紧张的情况下和快换对接的位置点使用。

2. 编写工业机器人程序的一般步骤

ABB 工业机器人运动控制的步骤如下。

1) 设定关键程序数据

在进行正式编程前,需要构建必要的编程环境,其中工具数据 tooldata、工件坐标 wobjdata 和载荷数据 loaddata 这三个必要的程序数据需要在编程前进行定义。

2) 确定运动轨迹方案和示教目标点

设计工业机器人的运动轨迹方案时,应确保在工业机器人系统安装过程中设置了基坐标系和大地坐标系。同时确保附加轴已设置。目标点要设计在相关的坐标系中,以便后续工作中对轨迹的整体偏移进行调整。

3) 编写程序与参数设置

选择配置程序所需要的参数,合理地定义数据的格式和类型。根据工艺要求编辑程序的逻辑、程序流程、程序结构。程序编写可以在示教器上进行,也可以通过离线编程的方式进行。

4) 调试

程序编写完成,检查无误后,进行调试。在手动模式下试运行程序,检测其正确性。

4.3 实践指导 SOP

实践指导 SOP 如图 4-16 所示。

实践作业指导书

文件编号	编制日期	页数	版本
	2018/10/8	1/14	A/0

实践任务名称	实践四　工业机器人动作及编程
实践场地	实训室
实践排号	1
标准工时	4日
作业类型	上机
提交成果	任务书
人员配置	4～5人

实践步骤	内容	备注
1	开机准备，检测工具安装等工作	
2	标定工件坐标和工具坐标	
3	选择程序模块和例行程序	
4	示教目标点，建立目标点数据程序	
5	编辑指导轨迹程序	
6	手动调试	
7	试运行	

序号	设备型号	功能	数量
1	IRB1410	实现机器人示教、编程、I/O通信	1
2	轨迹板	配合教学任务轨迹参考，变换角度	1
3	基础模组平台	功能模块安装定位平台，工作启动，状况显示	1
4	末端操作器	含吸取、抓取、TCF标定工具	1

安全注意事项	
人员安全	送电前一定要确保电源线正确，有效接地
	在机器人的工作区域内严禁站立
设备安全	运动速度限制，机器人的工作速度不能大于200m/s
	在运动过程中注意与工件或其他物体的干涉

核准		审核		承办单位
				承办人

图 4-16　实践指导 SOP 6

4.4 实践任务

设备介绍

(1) IRB1410 工业机器人:实现机器人示教、编程、I/O 通信。
(2) 轨迹板:配合教学任务轨迹参考,变换角度。
(3) 基础模组平台:功能模块安装定位平台,工作启动,状态显示。
(4) 末端操作器:含吸取、抓取、TCP 标定工具。

实践目的

(1) 了解工业机器人运动指令的应用。
(2) 掌握关节运动、线性运动、圆弧运动的应用环境和衔接关系。
(3) 熟悉运动指令涉及的数据内容含义。
(4) 理解运动指令实现运动参考坐标系。

实践要求

(1) 合理选择运动指令,实现特定位置轨迹编程。
(2) 变换轨迹板的方向,在不改变目标点的条件下完成轨迹运动。
(3) 运动过程中工业机器人轨迹的运行贴合度不小于 1 mm。
(4) 在运动过程中合理调整工业机器人的运动姿态。

实践过程

应用工业机器人在轨迹板[见图 4-17(a)]的合适位置建立工件坐标,调节机器人姿态,完成轨迹板上任意 4 个图形的轨迹编程,可以实现连续完成 4 个轨迹的运动。完成第一项目后将轨迹板调整至图 4-17(b)所示位置,不改变之前的示教目标点,只改变工件坐标的方向来完成相同轨迹运动,实践机器人运动指令和坐标参考的含义。

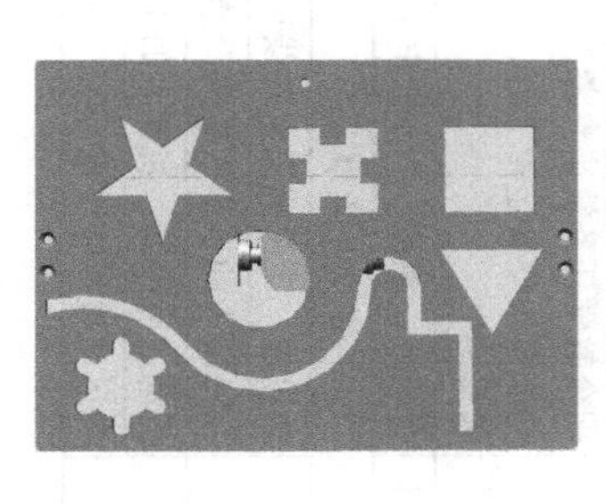

(a) 轨迹板

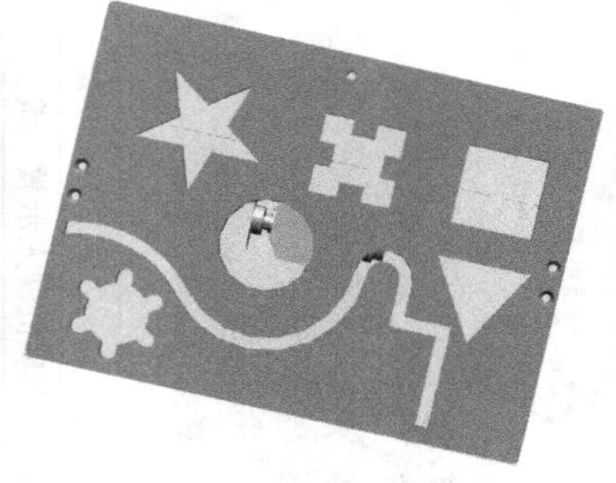

(b) 轨迹板变换角度

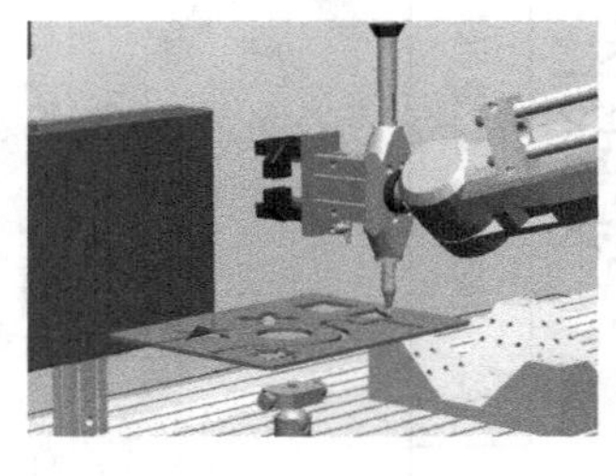

(c) 机器人动作姿态

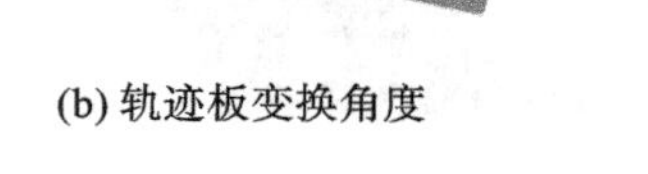

图 4-17 机器人轨迹运动

实践评价

(1) 完成实践环境的安装(10 分)。
(2) 建立项目规定的坐标系(10 分)。
(3) 编写程序,完成实践轨迹动作(20 分)。
(4) 实现坐标变换后的轨迹动作(30 分)。
(5) 录制动作视频(10 分)。
(6) 总结实验流程(20 分)。

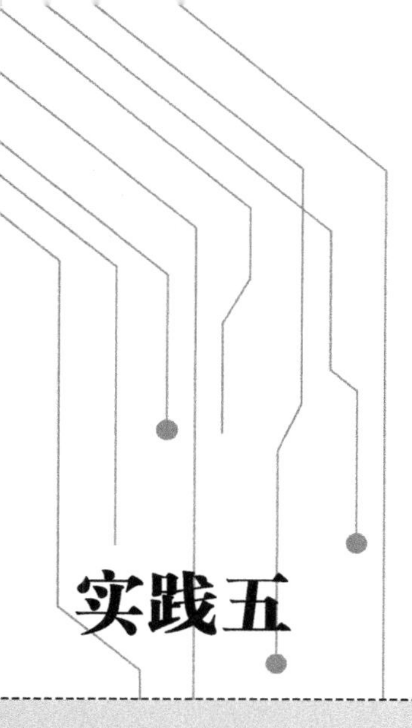

实践五

工业机器人信号处理

信号处理是计算机同外部设备之间的数据传递。常见的输入输出设备有通信板卡、数字量模块等。信号处理接口是位于系统与外部设备之间的、用来协助完成数据传送和控制任务的逻辑电路。输入/输出(Input/Output)分为I/O设备和I/O接口两个部分。PC系统板的可编程接口芯片、I/O总线槽的电路板(适配器)都属于接口电路。

输入输出流(I/O流)可以看成对字节或者包装后的字节的读取,实现联动控制系统的弱电线路与被控设备的强电线路之间的转接、隔离,防止强电串入系统,保障系统的安全;

5.1 工程现场

5.1.1 工程应用

I/O接口电路如图5-1所示。I/O接口的主要功能如下。

(1) 对输入输出数据进行缓冲和锁存,输入接口有缓冲环节,输出接口有锁存环节。

(2) 对信号的形式和数据的格式进行变换,微机直接处理数字量、开关量、脉冲量。

(3) 对I/O端口进行寻址。

(4) 与CPU和I/O设备进行联络。

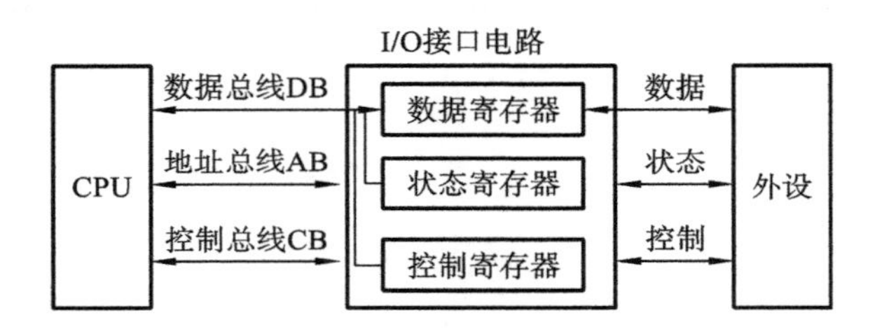

图5-1 I/O接口电路

某客户为国内知名太阳能产品生产企业,原有生产系统稳定性差,设计不合理,掉件频繁,给顺利生产带来极大困难,使得企业损失严重。该客户实施优化的真空系统改造方案后,实现了工作站零掉件率,100%成功抓取纸片和玻璃,大幅度提高了生产效率和设备稳定性。

方案特点如下:

(1) 独立双气路完美解决掉玻璃问题;

(2) 100%成功抓取玻璃和纸片;

(3) 优化设计,投入小,投资回报快。

在这个方案中抓取纸片和玻璃时采用不同的气路控制,其控制动作的切换就用到了工业机器人信号处理,在不同的时序点执行相对应的控制信号来实现工艺要求,如图5-2所示。

5.1.2 工程案例

项目开发背景:本项目是A客户将现有六种螺栓类产品的人工生产线改造为智能自动化生产线,A客户在生产螺栓时一般会经历七道加工工序,即退火、酸洗、抽线、成型、辗牙、热处理、表面处理。

1. 客户技术要求

本项目主要针对辗牙加工过程的自动化生产改造,其中一种螺栓的技术要求如图5-3所示。

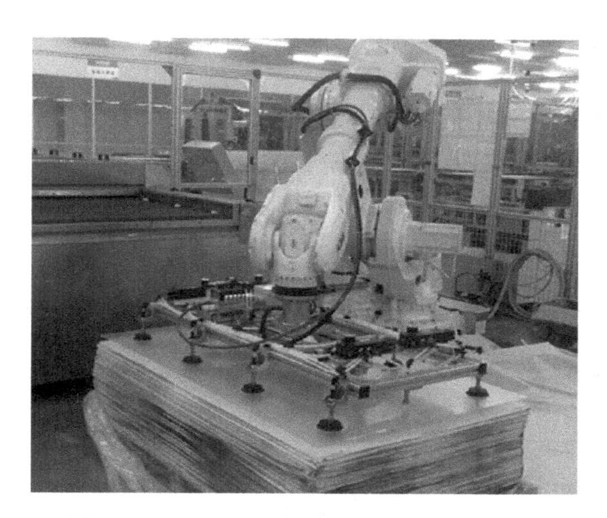

图 5-2 ABB IRB6640 工业机器人抓取玻璃纸

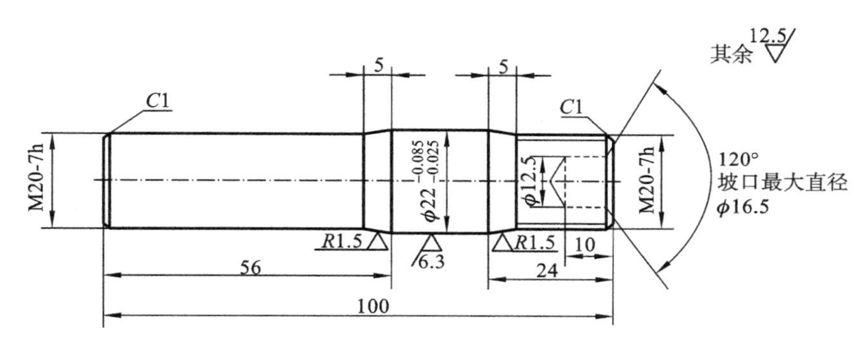

图 5-3 阀螺栓图

1—尖角倒钝;2—调质处理 28～32 HRC;3—发蓝处理;4—材料 45

由于本项目内容包含加工设备、机械手、物料储运系统等诸多设备,因此必须设置一个控制系统以连接各个设备。本生产单元中的加工属于连续制程,而且因为本生产单元链接四部车床、一部铣打机以及机械手与供料托盘等设备,为统一控制权、避免相互待机,以及设计较完善的人机接口的目标,本生产线将以 PLC 为主控系统,负责生产控制并触摸显示器,主控系统以交换机与其他设备联机,换料时车床与机械手直接以 I/O 信号通知作业,机械手同样依据作业流程以I/O信号通知供料设备供料。

本控制器具有自动/示教等操作模式,但由于生产制程仍保留部分弹性,例如翻转站启用与否的选择已事先建立在不同流程中,操作人员必须先手动示教后再自动执行。

2. 生产工艺分析

生产流程:在自动模式下,系统生产流程可分为初始进料流程、正常运转流程及清料流程等三种动作模式,各动作模式由系统依实际情况判断执行,无须操作人员切换。

(1) 初始及正常流程:开机后由总控控制直接执行。

(2) 清料流程:当供料台托盘为空盘时开始进行清料流程,清料时不再进料,但会依序将加工中的工件循原程序送至下一制程,待机械手清空管辖内所有设备中的工件。

系统异常包括紧急停止、故障等状况:

(1) 紧急停止:机械手紧急停止,该机械手及由该机械手所控制的外围设备紧急停止,其他设备不受影响;加工机紧急停止,该加工机紧急停止,其他设备不受影响。

(2) 故障:任一机械手故障并不影响其他设备,其他设备继续待料,待机械手修复后继续先前的作业。

(3) 夹持异常:当加工机换料中夹持异常时,由加工机送出夹持异常的信号,机械手收到异常信号后令加工机夹头开闭一次,若再发生夹持不良则停机故障。

3. 项目 I/O 表

项目 I/O 表如表 5-1 所示。

表 5-1 项目 I/O 表

1 号从站 PLC 输入信号				
序号	从站 PLC 输入地址	信 号 名 称	与主站链接的地址	从站通信地址
1	I0.0	1 号上料台启动按钮	I10.0	DP(1)
2	I0.1	1 号上料台暂停按钮	I10.1	DP(1)
3	I0.2	1 号上料台复位按钮	I10.2	DP(1)
4	I0.3	1 号上料台急停按钮	I10.3	DP(1)
5	I0.4	1 号上料台气源压力检测	I10.4	DP(1)
6	I0.5	1 号上料台安全光栅信号	I10.5	DP(1)
7	I0.6	1 号上料台手动/自动	I10.6	DP(1)
8	I0.7	1 号上料清除报警	I10.7	DP(1)
9	I1.0	1 号上料台输送线上料检测	I11.0	DP(1)
10	I1.1	1 号上料台提升气缸上线	I11.1	DP(1)
11	I1.2	1 号上料台提升气缸下线	I11.2	DP(1)
12	I1.3	1 号上料台料斗推动气缸上线	I11.3	DP(1)
13	I1.4	1 号上料台料斗推动气缸下线	I11.4	DP(1)
14	I1.5			DP(1)
15	I1.6			DP(1)
16	I1.7			DP(1)
17	I2.0	1 号数控机床开门	I12.0	DP(1)
18	I2.1	1 号数控机床关门	I12.1	DP(1)
19	I2.2	1 号数控机床加工中	I12.2	DP(1)
20	I2.3	1 号数控机床加工设备正常	I12.3	DP(1)
21	I2.4	1 号数控机床待料	I12.4	DP(1)
22	I2.5	1 号数控机床加工完成	I12.5	DP(1)
23	I2.6	1 号数控机床报警	I12.6	DP(1)
24	I2.7		I12.7	DP(1)
1 号机器人与 PLC 地址				
序号	机器人地址	信 号 名 称	与主站链接的地址	通信从站地址
1	DY0	机器人运行中	I128.0	DP(2)
2	DY1	机器人伺服上电	I128.1	DP(2)
3	DY2	机器人报警	I128.2	DP(2)

续表

1 号机器人与 PLC 地址				
序号	机器人地址	信 号 名 称	与主站链接的地址	通信从站地址
4	DY3	机器人原点信号	I128.3	DP(2)
5	DY4	机器人搬运完成	I128.4	DP(2)
6	DY5	拾取异常	I128.5	DP(2)
7	DY6	满载输出	I128.6	DP(2)
8	DX0	机器人启动	Q128.0	DP(2)
9	DX1	清除机器人报警和错误	Q128.1	DP(2)
10	DX2	机器人搬运开始	Q128.2	DP(2)
11	DX3	机器人暂停	Q128.3	DP(2)
12	DX4	机器人急停	Q128.4	DP(2)
13	DX5	机器人使能	Q128.5	DP(2)

4. 应用程序

项目中的 I/O 信号都需要工业机器人 I/O 指令去处理动作，例如：

```
PROC rPickPlace1()
! 搬运任务 1 程序声明
MoveJ Offs(pCNC_Pick1,0,0,100),vMidSpeed,z10,Grip\WObj:= wobj0;
! 移至输送链 1 拾取物料位置正上方 100 mm
MoveL pCNC_Pick1,vMinSpeed,fine,Grip\WObj:= wobj0;
! 移至输送链 1 拾取物料位置
Set doGrip;
! 置位夹爪信号，拾取物料
WaitTime 1;
! 等待 1 秒
MoveL Offs(pCNC_Pick1,0,0,100),vMinSpeed,z10,Grip\WObj:= wobj0;
! 移至输送链 1 拾取物料位置正上方 100 mm
MoveJ Offs(pCNC_Place1,CNCPos{CNC_Count1,1},CNCPos{CNC_Count1,2},100),
vMidSpeed,z10,Grip\WObj:= wobj0;
! 移至放置平台 1 的放置位置正上方 100 mm 处，放置位置有 4 处，所以引入搬运计数器数值作为变量，根据数值的变化从而放置在对应的位置，其中调用了位置数组 CNCPos[4,2]；
MoveL Offs(pCNC_Place1,CNCPos{CNC_Count1,1},CNCPos{CNC_Count1,2},0),
vMinSpeed,fine,Grip\WObj:= wobj0;
! 移至放置平台 1 的放置位置
Reset doGrip;
! 复位夹爪，释放物料
WaitTime 1;
! 等待 1 秒
MoveL Offs(pCNC_Place1,CNCPos{CNC_Count1,1},CNCPos{CNC_Count1,2},100),
```

```
vMinSpeed,z10,Grip\WObj:= wobj0;
! 移至输送链 1 放置物料位置正上方 100 mm
MoveJ Offs(pCNC_Pick1,0,0,100),vMidSpeed,z10,Grip\WObj:= wobj0;
! 移至输送链 1 拾取物料位置正上方 100 mm
Incr CNC_Count1;
! 搬运计数器 1 累计加 1
IF CNC_Count1> 4 CNC_Full1:= TRUE;
! 若搬运计时器 1 超过 4 个,则将满载布尔量置为 TRUE,不再执行此工位搬运;
ENDPROC
```

5.2 知识储备

5.2.1 工程理论

1. I/O 输出指令说明

I/O 输出指令说明如表 5-2 所示。

表 5-2 I/O 输出指令

指 令	用 于 定 义
InvertDO	转化数字信号输出信号值
PulseDO	用数字信号输出信号生成脉冲
Reset	重设数字信号输出信号(为 0)
Set	设数字信号输出信号(为 1)
SetAO	变更数字信号输出信号值
SetDO	变更数字信号输出信号值(符号值,如高/低)
SetGO	变更一组数字信号输出信号的值

2. 读取 I/O 信号指令说明

读取 I/O 信号指令说明如表 5-3 所示。

表 5-3 读取 I/O 信号指令

指 令	用 于 定 义
AOutput	读取当前模拟信号输出信号的值
DOutput	读取当前数字信号输出信号的值
GOutput	读取当前一组数字信号输出信号的值
GOutputDnum	读取当前一组数字信号输出信号的值,可用多达 32 位处理数字组信号,返回读取到的 dnum 数据类型的值
GInputDnum	读取当前一组数字信号输入信号的值,可用多达 32 位处理数字组信号,返回读取到的 dnum 数据类型的值

3. 等待 I/O 信号指令说明

等待 I/O 信号指令说明如表 5-4 所示。

表 5-4 等待 I/O 信号指令

指　　令	用 于 定 义
WaitDI	等到设置或重设数字信号输入时
WaitDO	等到设置或重设数字信号输出时
WaitGI	等到将一组数字信号输入信号设为一个值时
WaitGO	等到将一组数字信号输出信号设为一个值时
WaitAI	等到模拟信号输入小于或大于某个值时
WaitAO	等到模拟信号输出小于或大于某个值时

4. 重点指令机构说明

1）置位指令——Set

```
Set Signal;
```

Signal:输入输出信号名称(signaldo)。

应用:将机器人相应数字输出信号设置为 1,与指令 Reset 对应,是自动化生产的重要组成部分。

实例:`Set do12;`

2）脉冲输出指令——PulseDO

```
PulseDO[\High][\PLength]Signal;
```

Signal:输出信号名称(signaldo)。

应用:机器人输出数字脉冲信号,一般作为运输链完成信号或计数信号。脉冲长度为 0.1 s~32 s,默认为 0.2 s。

实例:脉冲输出指令工作过程如图 5-4 所示。

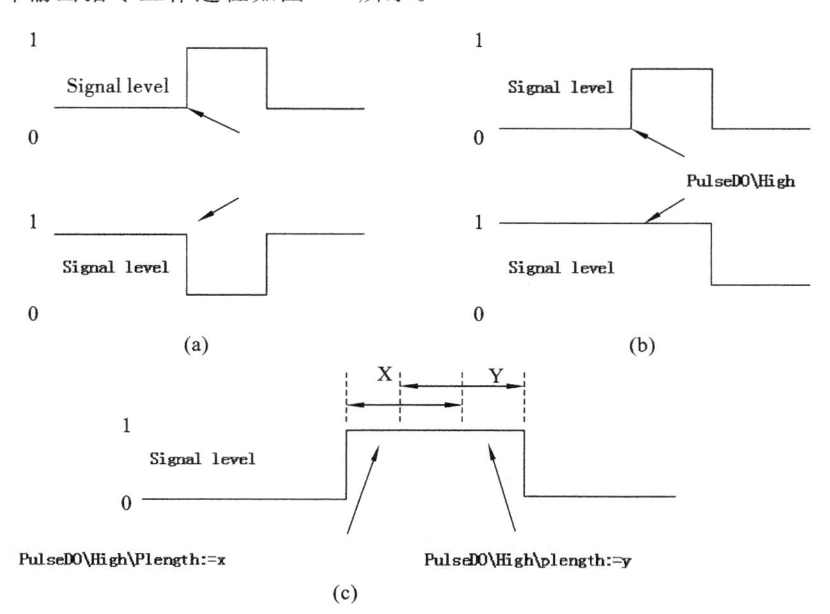

图 5-4 脉冲输出指令工作过程

3）模拟量输出指令——SetAO

```
SetAO signal,Value;
```

signal：模拟量输出信号名称(signaldo)。

Value：模拟量输出信号值(num)。

应用：将机器人当前模拟量输出信号输出相应的值，如当工业机器人焊接时，通过模拟量输出控制焊接电压与送丝速度。

实例：`SetAO ao2,5.5;`

4）等待输入指令——WaitDI

```
WaitDI Signal,Value [\MaxTime][\TimeFlag];
```

signal：输出信号名称(signaldo)。

Value：输出信号值(dionum)。

[\MaxTime]：最长等待时间(num)。

[\TimeFlag]：超出逻辑量(bool)。

应用：等待数字输入信号满足相应值，达到通信目的，是自动化生产的重要组成部分，如机器人等待工件到位信号。

实例：`WaitDI di_Ready,1;`

5.2.2 工程技能

1. 工况说明

应用工业机器人将产品从 A 盘搬运到 B 盘，以这种工况来验证工业机器人的 I/O 控制指令。对工业机器人的动作过程进行分析，首先机器人会运动到拾取位置，那么肯定需要运动指令 MoveL 来实现，机器人又要精确到达，那么要考虑用 fine 来定位机器人到达。工业机器人程序验证环境如图 5-5 所示。

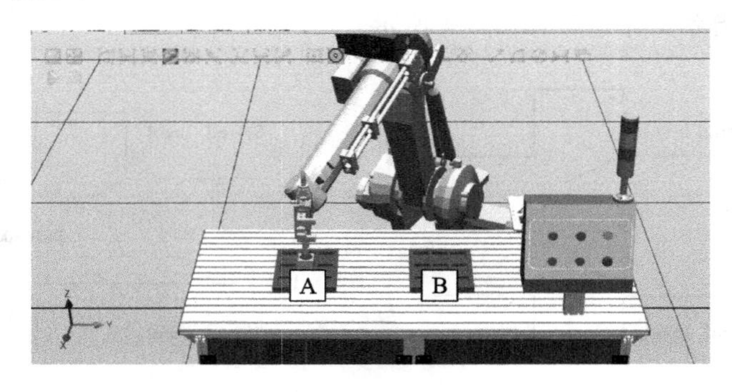

图 5-5　工业机器人程序验证环境

应用配置好的 I/O 信号驱动电磁阀控制真空发生器来实现抓取，在程序中执行该动作时，使用 set 指令置位控制 I/O 端口状态置 1，执行吸取动作。由于抓取动作需要执行时间，那么可以用时间控制和信号控制两种方式达到工艺要求。

2. 工作流程

(1) 运动环境配置，设置末端操作器的 TCP 和工件坐标如图 5-6、图 5-7 所示。

(2) I/O 信号测试，根据工艺的需求配置吸盘动作信号。

当 attaract 信号值为 0 时，不能吸附；当 attaract 信号值为 1 时，吸附，如图 5-8、图 5-9 所示。

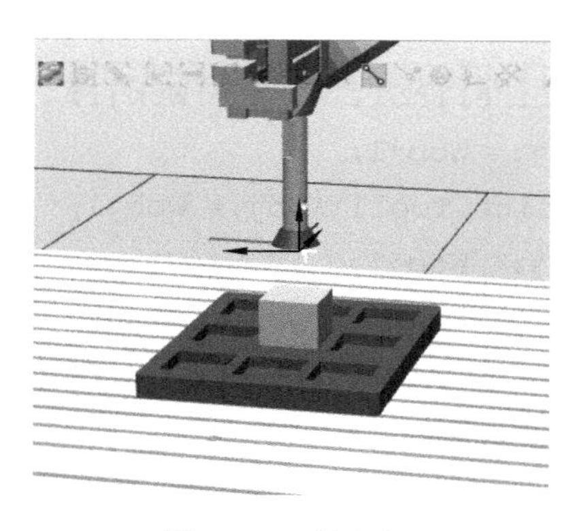

图 5-6 工具坐标

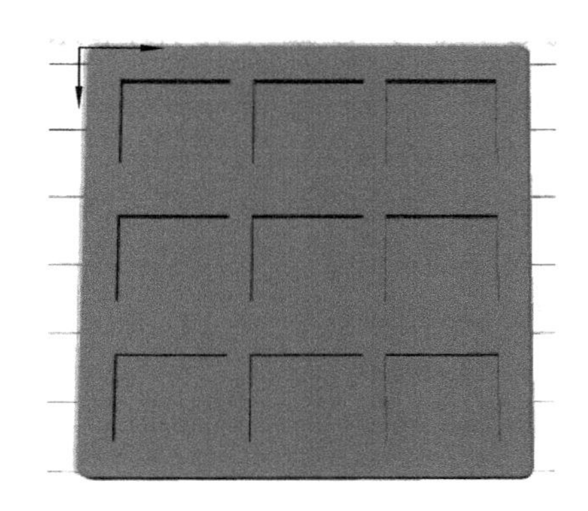

图 5-7 工件坐标

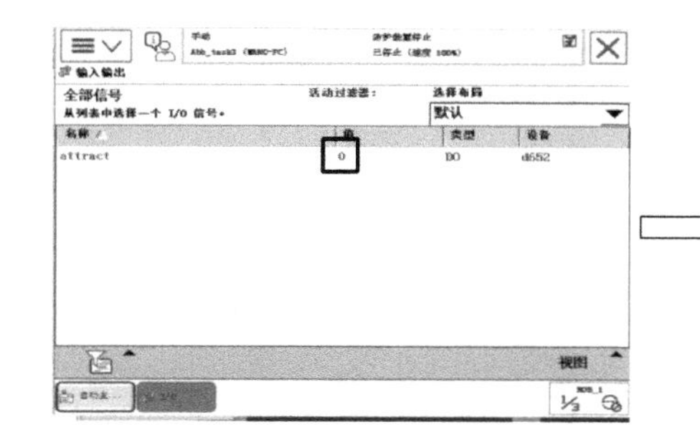

图 5-8 末端操作器不能吸附

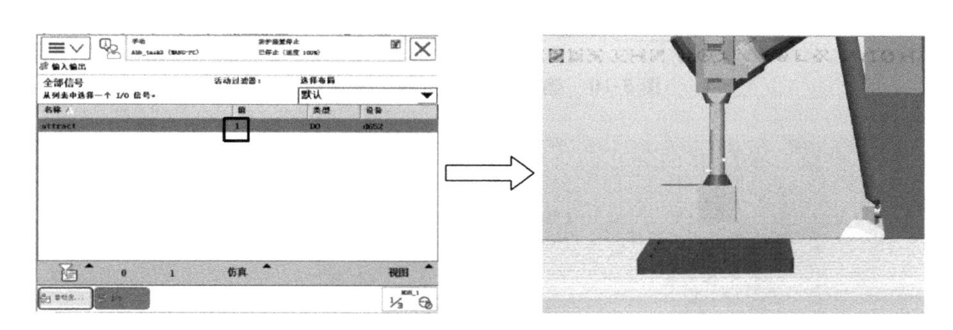

图 5-9 末端操作器吸附

3. 示教目标点

示教目标点时，需要注意“手动操纵”界面中当前使用的工具坐标和工件坐标要和指令里的参考工具和工件保持一致（见图 5-10），否则会出现“错误的活动工件、工具”等警告信息。

4. 动作编程

根据工艺流程分析动作步骤，将其转化为工业机器人可以识别和进行逻辑处理的语言结构的过程。手动调试程序，将 pp 移至例行程序 bearer()，单步运行程序测试。机器人工作位置如图5-11所示。

```
PROC bearer()
    MoveL Target_20,v1000,fine,Tool1\WObj:= Wobj1;
    MoveL Offs(Target_10,0,0,100),v1000,fine,Tool1\WObj:= Wobj1;
    MoveL Target_10,v1000,fine,Tool1\WObj:= Wobj1;
    Set attract;
```

```
    WaitTime 0.5;
    MoveL Offs(Target_10,0,0,100),v1000,fine,Tool1\WObj:= Wobj1;
    MoveL Target_20,v1000,fine,Tool1\WObj:= Wobj1;
    MoveL Offs(Target_30,0,0,100),v1000,fine,Tool1\WObj:= Wobj1;
    MoveL Target_30,v1000,fine,Tool1\WObj:= Wobj1;
    Reset attract;
    WaitTime 0.5;
    MoveL Target_20,v1000,fine,Tool1\WObj:= Wobj1;
  ENDPROC
```

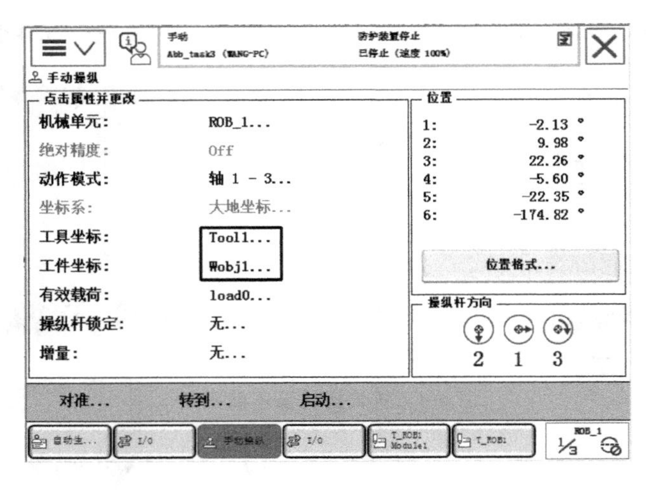

图 5-10　确认工具坐标和工件坐标

Target_10位置

Target_20位置

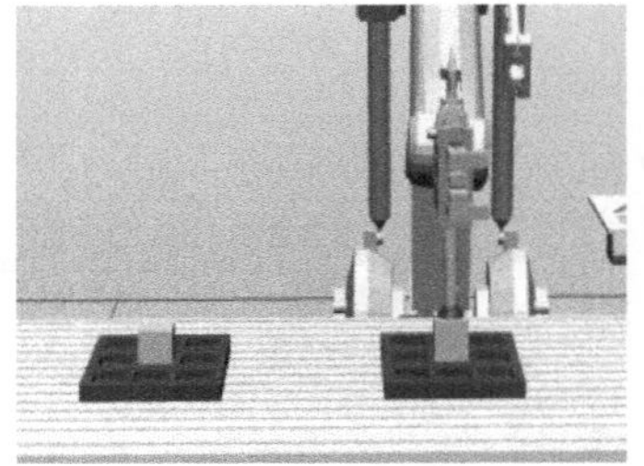
Target_30位置

图 5-11　机器人工作位置

5.2.3　工程素养

1. 应用 I/O 控制指令实现按钮计数

通常在项目中会使用一个外部的按钮，当按钮按下再抬起一次时，计算机设定的存储数据加 1，要完成这种功能，首先要配置输入信号 I/O 和对应的程序数据，而且这种功能只有在循环模式和循环体内才能实现。

```
PROC counting()
    WaitDI count,1;
    pcs:= pcs+ 1;
```

```
  WaitDI count,0;
ENDPROC
```

2. 计时功能

(1) ClkReset——重置用于定时的时钟。

结构:`ClkReset Clock;`

应用:将机器人相应的时钟复位,常用于记录循环时间或工业机器人运输链跟踪。

(2) ClkStart——启动用于定时的时钟,ClkStop——停止用于定时的时钟。

结构:`ClkStart Clock; ClkStop Clock;`

应用:启动工业机器人相应时钟,常用于记录循环时间或工业机器运输链跟踪。机器人时钟启动后,时钟不会因为机器人停止运行或关机而停止计时,在机器人时钟运行时,指令ClkStop与ClkReset仍起作用。

```
ClkReset clock1;
ClkStart clock1;
RunCycle;
ClkStop clock1;
nCycleTime:= ClkRead(clock1);
TPWrite"Last Cycle Time:"\Num:= nCycleTime;
```

注:机器人时钟计时超过4 294 967秒,即49天17小时2分47秒时,机器人将出错。Error Handler代码为ERR_OVERFLOW。

5.3 实践指导SOP

实践指导SOP如图5-12所示。

5.4 实践任务

设备介绍

(1) IRB1410工业机器人:实现机器人示教、编程、I/O通信。

(2) 载料平台:配合教学任务承载50×50塑钢产品。

(3) 基础模组平台:功能模块安装定位平台,工作启动,状态显示。

(4) 末端操作器:含吸取、抓取、TCP标定工具。

实践目的

(1) 了解工业机器人I/O指令的应用环境。

(2) 掌握一般I/O指令的工作方法。

(3) 熟悉程序I/O指令的语法结构和参数含义。

(4) 理解I/O指令和运动轨迹的配合时序。

实践作业指导书

文件编号	编制日期	页数	版本
	2018/10/8	1/14	A/0

实践任务名称	实践五　工业机器人信号处理	实践场地	实训室	标准工时　4日	提交成果	任务书
		实践排号	1	作业类型　上机	人员配置	4～5人

实践步骤	内容	备注
1	开机准备，检测气源，检查气路连接是否完整	
2	标定工件坐标和工具坐标	
3	I/O 信号测试	
4	示教目标点，建立目标点数据程序	
5	编辑机器人任务程序	
6	手动调试	
7	自动试运行	

1　2　3　4

工具坐标:　Tool1...

工件坐标:　Wobj1...

运动环境配置 → I/O 通信设置 → 目标点示教

记录目标点程序 → 项目调试 → 完成结果

序号	设备型号	功能	数量
1	IRB1410	实现机器人示教、编程、I/O通信	1
2	材料平台	配合教学任务承载50×50塑钢产品	1
3	基础模组平台	功能模块安装定位平台，工作启动，状况显示	1
4	末端操作器	含吸取、抓取、TCF标定工具	1

安全注意事项	
人员安全	送电前一定要确保电源线正确，有效接地
	在机器人的工作区域内严禁站立
设备安全	运动速度限制，机器人的工作速度不能大于200m/s
	在设备运动过程中注意与工件或其他物体的干涉

核准		审核		承办单位
				承办人

图 5-12　实践指导 SOP 7

实践要求

(1) 设计工业机器人的运动环境和I/O信号。
(2) 完成项目技术数功能。
(3) 程序设计层次分明、逻辑正确、思路精炼。
(4) 在运功过程中合理调整机器人的运动姿态。

实践过程

应用工业机器人编写拾取程序,将图5-13(a)所示的8个50×50塑钢方块,吸附放置于图5-13(b)所示的包装盒中。

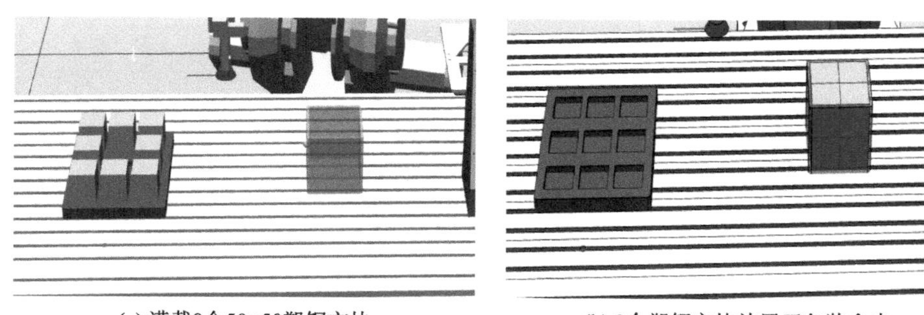

(a) 满载8个50×50塑钢方块　　(b) 8个塑钢方块放置于包装盒中

图5-13 任务初始状态和停止状态

实践评价

(1) 完成实践环境的安装(10分)。
(2) 完成项目规定坐标系的建立(10分)。
(3) 编写程序,完成工业机器人目标点示教(20分)。
(4) 程序自动运行(30分)。
(5) 录制动作视频(10分)。
(6) 总结实验流程(20分)。

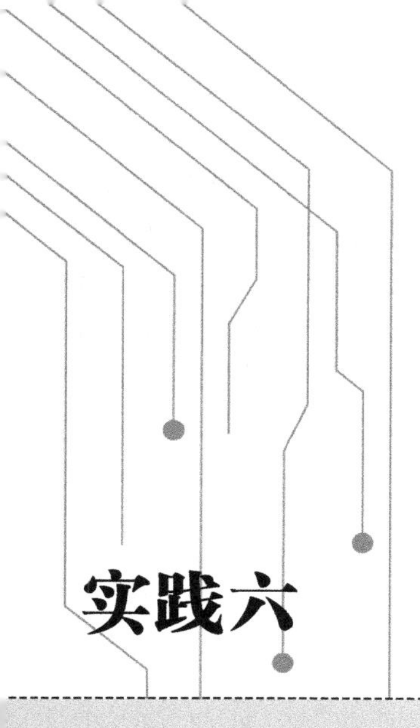

实践六

工业机器人程序流程控制

控制流程(也称为流程控制)是计算机运算领域的用语,指在程序运行时,个别的指令(或陈述、子程序)运行或求值的顺序。不论是声明式编程语言或是函数编程语言中,都有类似的概念。在声明式编程语言中,流程控制指令是指会改变程序运行顺序的指令,可能是运行不同位置的指令,或是在二段(或多段)程序中选择一个指令运行。命令式编程是命令"机器"去做事情(how),这样不管你想要的是什么(what),它都会按照你的命令实现。声明式编程:告诉是"机器"你想要的是什么(what),让机器想出如何去做(how)。

6.1 工程现场

6.1.1 工程应用

程序总是由若干条语句组成。从执行方式上看,语句的控制结构分为以下三种。

1. 顺序结构

顺序结构指从第一条语句到最后一条语句完全按顺序执行,如图6-1所示。

(1) 在写程序中,注意流程线的方向。

(2) 在程序中,正确定义变量。

(3) 顺序结构的执行特点:程序按照语句从上到下的排列顺序依次执行,每条语句必须执行且只能执行一次。

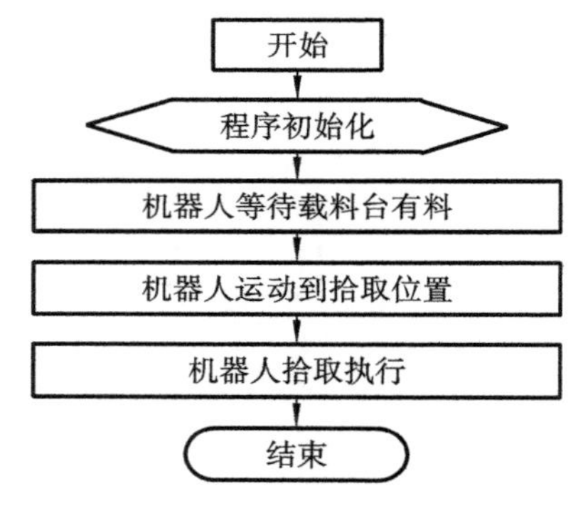

图6-1 顺序结构流程图

2. 选择结构

选择结构指根据用户输入或语句的中间结果去执行若干任务,如图6-2所示。

对"表达式"进行判断,如果计算结果为"真",那么执行"语句",否则跳过"语句"。"表达式"通常是一个关系表达式,用于对两个值进行比较,如x＞3和a＜7等;或者是一个逻辑表达式,用于表示若干条件成立或不成立的关系,如a&&b等。事实上,"表达式"可以为任何类型,如算术表达式等。

3. 循环结构

循环结构指根据某条条件重复地执行某项任务若干次,直到达成目标即可,如图6-3所示。

循环条件:在循环结构中的表达式被称为循环条件。

循环体:在每次循环周期均要执行一次的语句,可以是简单语句、复合语句,也可以是空语句。

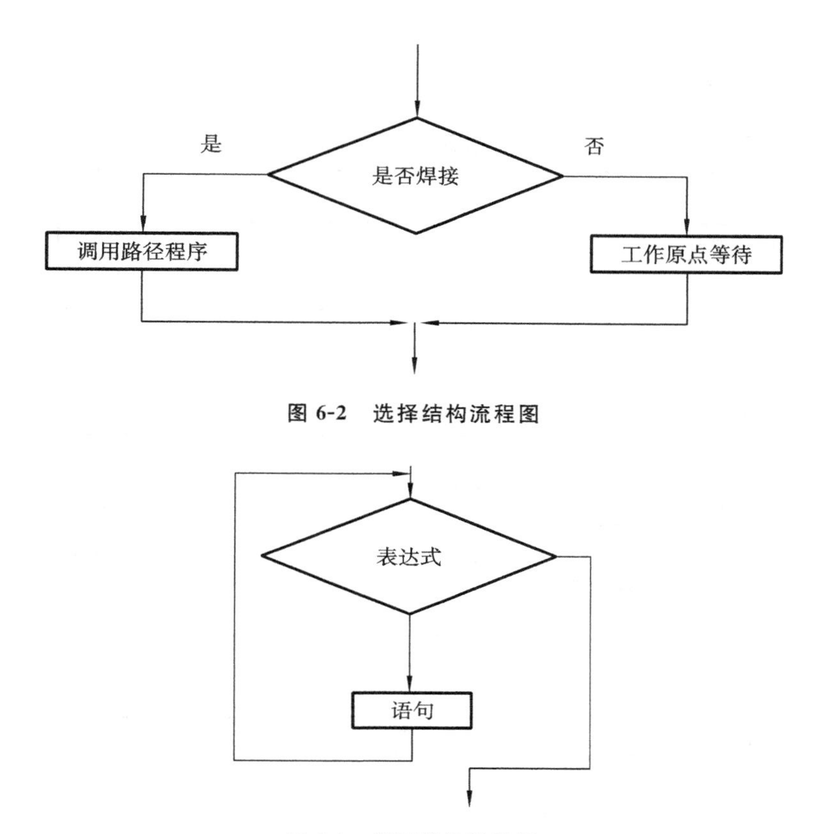

图 6-2 选择结构流程图

图 6-3 循环结构流程图

循环控制变量：在循环条件中控制条件真假的变量，通常决定循环体的执行次数。

正确地写出一个 while 循环结构，需要对循环控制变量做三个工作：一是给控制变量赋初值；二是写出正确的循环条件；三是控制变量的更新。在设计程序流程，一般工程师都会对现场工艺进行流程分析，设计如图 6-4 所示的流程。

6.1.2 工程案例

A 客户提出对 10 万吨/年聚丙烯装置包装生产线进行自动化码垛改造的需求。该客户的聚丙烯包装车间具有两条包装生产线，是由某自动化设备有限公司制造的设备，可实现自动称重、自动包装，有结构紧凑，运行效率高的特点。整个生产过程中，供袋、送袋、开袋、装袋、夹口整形、折边、缝纫（二次缝纫）、料袋输送、倒袋、压平、金属检测、重量复检、料袋拣选、喷印批号、料袋斜坡输送、整形压平、转位编组一次完成。全自动包装生产线是一种机、电、仪一体化的高技术产品，可用于粉料、粒料的包装，生产过程中全部实现自动化。A 客户的全自动包装生产线达到了国际先进水平，包装机包装能力为 1 000 袋/小时。客户要求该工段增加自动码垛设备，码垛机设计生产能力 1 200 袋/小时。

1. 包装码垛工艺流程要求

A 客户需求如下：将前道工序六个仓中的聚丙烯颗粒，经过风送管道输送到 D910 进行掏洗后到 D902 料仓，然后经过 D902 底部下料阀下料，送到电子定量秤计量，经过包装机包装、折边、缝纫（二次缝纫），再经过倒袋、压平、金属检测、重量检测、料袋拣选、喷印批号、斜坡输送、整形压平、转位编组后，自动码垛成型排出，用叉车叉运到成品库房，最后入库，完成整个生产包装

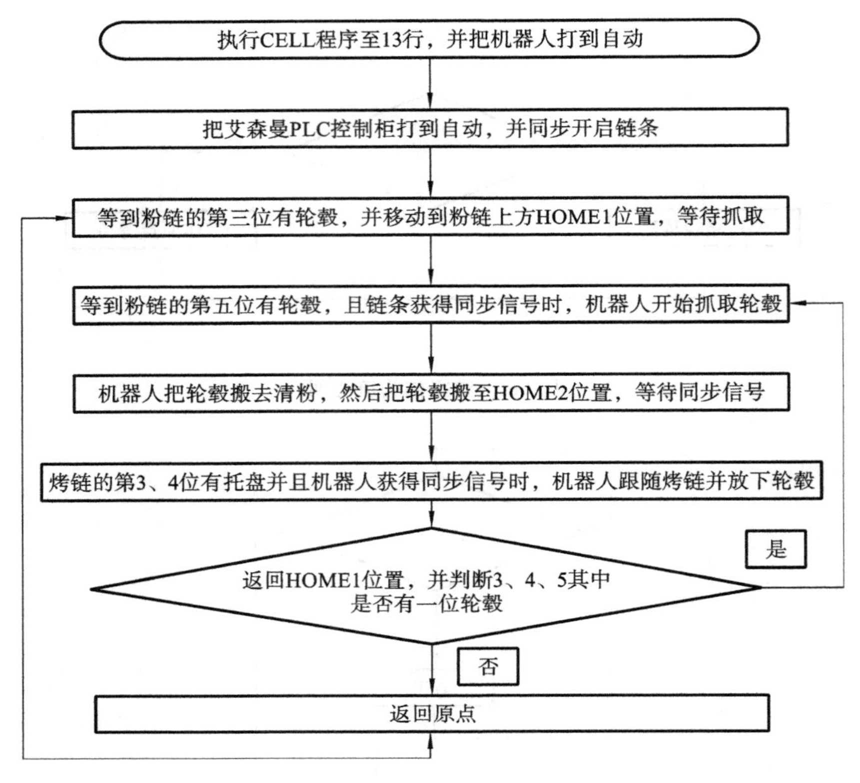

图 6-4　循环结构流程图案例

工艺过程。具体工艺流程如下：D901A-F 料仓的聚丙烯颗粒被送到 D902 包装料仓，通过电子定量秤称重自动下料到 X901A/B 包装机，用编织袋包装，每袋重量为 25 kg±50 g，经过夹口整形、折边、缝口，推倒后由 X902A/B 金属检测器检测，进入 X907A/B 重量检测器，后经 X903A/B 拣选剔除装置，进入 X905A/B 自动喷码机喷出批次、班次，经 T901A/B 斜坡输送机输送到机器人码垛机，通过 2+3 编组进行码垛，每盘 8 层，每层 5 袋，共 40 袋一盘，送到 T903A/B 垛盘输送机进行排垛，由叉车运至库房。

码垛垛型示意图如图 6-5 所示。

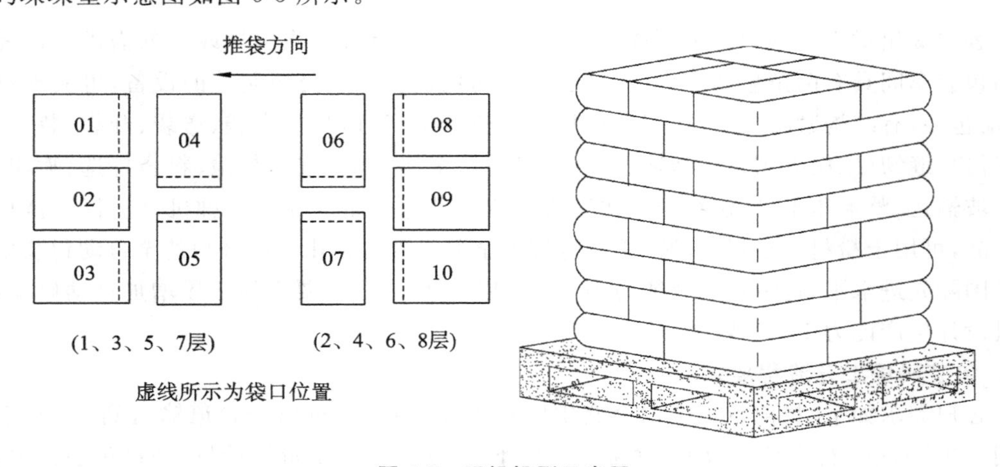

图 6-5　码垛垛型示意图

包装物参数说明如下。

物料名称：聚丙烯粒料；生产规模：10万吨/年；堆积密度：0.45～0.55 t/m³；包装袋样式：复合塑料编织袋（内涂聚乙烯的聚丙烯编织袋）、敞口枕形袋（单向窄边开口，可背面非线缝纵向搭缝）、多层袋（内层袋＋外层袋，外层袋预先外翻折平）；空袋尺寸：900 mm×550 mm，符合GB/T8947-1998制造标准；充填量：25 kg/bag；缝纫机线：选用3×3股强力维纶或涤纶塔线，规格为1 kg/只，强度9.5 kg，长度约3400 m；料袋封口方式：二次缝袋（先内层袋折边＋缝口，再外层袋折边＋缝口）。

技术性能（单线）：

称重能力：1000 bags/h；包装能力：1000 bags/h；码垛能力：1200 bags/h；保证能力：800 bags/h（二次套袋）；托盘材料：塑料；垛形结构：3×2编组，5袋/层，8层/垛；总耗气量：150 Nm³/h；总耗电量：50 kW·h。

2. 工业机器人流程控制编程案例

```
MODULE MainMoudle
PERS wobjdata WobjPallet_L:= [FALSE,TRUE,"",[[-456.216,-2058.49,-233.373],
[1,0,0,0]],[[0,0,0],[1,0,0,0]]];
! 定义左侧码盘工作坐标系
PERS wobjdata WobjPallet_R:= [FALSE,TRUE,"",[[-421.764,1102.39,-233.373],
[1,0,0,0]],[[0,0,0],[1,0,0,0]]];
! 定义右侧码盘工作坐标系
PERS tooldata tGripper:= [TRUE,[[0,0,527],[1,0,0,0]],[20,[0,0,150],[1,0,0,
0],0,0,0]];
! 定义工具坐标系数据
PERS loaddata LoadFull:= [20,[0,0,300],[1,0,0,0],0,0,0.1];
! 定义有效载荷数据
PERS wobjdata CurWobj;
! 定义工件坐标系数据，此工件坐标系作为当前使用坐标系，即当在左侧码垛时，将左侧码
盘坐标系赋值给该数据；当在右侧码垛时，将右侧码盘坐标系赋值给该数据
PERS jointtarget jposHome:= [[0,0,0,0,0,0],[9E+ 09,9E+ 09,9E+ 09,9E+ 09,9E
+ 09,9E+ 09]];
! 定义关节目标点数据，各关节轴数值为0，用于手动将机器人各关节轴运动至机械刻度
零位
CONST robtarget pPlaceBase0_L:= [[296.473529255,212.21064316,3.210904169],
[0,0.70711295,-0.707100612,0],[-2,0,-3,0],[9E9,9E9,9E9,9E9,9E9,9E9]];
! 定义目标点数据，这些数据是机器人当前使用的目标点，当在左侧、右侧码垛时，将对应
的左侧、右侧基准目标点赋值给这些数据
CONST robtarget pPlaceBase90 _ L: = [[ 218. 407102669, 695. 953395421, 3.
210997808],[0,-0.000001669,1,0],[-2,0,-2,0],[9E9,9E9,9E9,9E9,9E9,9E9]];
! 机器人抓取产品后需提升至一定的安全高度，才能向码垛位置移动，随着摆放位置逐层
加高，此数据在程序中会被赋予不同的数值，防止机器人与码放好的产品发生碰撞
CONST robtarget pPlaceBase0_R:= [[296.473529255,212.21064316,3.210904169],
[0,0.707221603,-0.70699194,0],[1,0,0,0],[9E9,9E9,9E9,9E9,9E9,9E9]];
```

```
CONST robtarget pPlaceBase90 _ R: = [[ 218. 407102669, 695. 953395421, 3.210997808],[0,-0.00038594,0.999999926,0],[1,0,1,0],[9E9,9E9,9E9,9E9,9E9,9E9]];
CONST robtarget pPick_L:= [[1627.550991372,-426.974661352,-26.736921885],[0,0.707109873,-0.707103689,0],[-1,0,-2,0],[9E9,9E9,9E9,9E9,9E9,9E9]];
CONST robtarget pPick_R:= [[1611.055992534,442.364097921,-26.736584068],[0,0.707220363,-0.706993181,0],[0,0,-1,0],[9E9,9E9,9E9,9E9,9E9,9E9]];
CONST robtarget pHome:= [[1505.00,-0.00,878.55],[1.28548E-06,0.707107,-0.707107,-1.26441E-06],[0,0,-2,0],[9E+ 09,9E+ 09,9E+ 09,9E+ 09,9E+ 09,9E+ 09]];
PERS robtarget pPlaceBase0;
PERS robtarget pPlaceBase90;
PERS robtarget pPick;
PERS robtarget pPlace;
PERS robtarget pPickSafe;
PERS num nCycleTime:= 3.803;
PERS num nCount_L:= 1;
PERS num nCount_R:= 1;
```

！定义数字型数据，分别用于左侧、右侧码垛计数，在计算位置子程序中根据该计数计算出相应的放置位置

```
PERS num nPallet:= 2;
```

！定义数字型数据，利用 TEST 指令判断此数值，从而决定执行哪一侧的码垛任务，1 为左侧，2 为右侧

```
PERS num nPalletNo:= 1;
```

！定义数字型数据，利用 TEST 指令判断此数值，从而决定执行哪一侧的码垛计数累计，1 为左侧，2 为右侧

```
PERS num nPickH:= 300;
PERS num nPlaceH:= 400;
```

！定义数字型数据，分别对应的是抓取、放置时的安全高度，例如 npickh:= 300，则表示机器人快速移动至抓取位置上方 300 mm 处，再快速移动至其他位置

```
PERS num nBoxL:= 605;
PERS num nBoxW:= 405;
PERS num nBoxH:= 300;
```

！定义三个数字型数据，分别对应的是产品的长、宽、高。在计算位置程序中，通过在放置基准点上面叠加长、宽、高数值，计算出放置位置

```
VAR clock Timer1;
```

！定义时钟数据，用于计时

```
PERS bool bReady:= TRUE;
```

！定义布尔量数据，作为主程序逻辑判断条件，当左右两侧有任何一侧满足码垛条件时，此布尔量均为 TRUE，即机器人会执行码垛任务，否则该布尔量为 FALSE，机器人会等待，直至条件满足

```
PERS bool bPalletFull_L:= FALSE;
PERS bool bPalletFull_R:= FALSE;
```

```
! 定义两个布尔量数据,当机器人在左侧码垛时,bpallet_L 为 TRUE,BPALLET_R 为 FALSE;当机器人在右侧码垛时则相反
PERS bool bGetPosition:= FALSE;
! 定义布尔量数据,判断是否已计算出当前取放位置
VAR triggdata HookAct;
VAR triggdata HookOff;
! 定义两个触发数据,分别对应的是夹具上面钩爪收紧及松开动作
VAR intnum iPallet_L;
VAR intnum iPallet_R;
! 定义两个中断符,对应左侧、右侧码盘更换时所需触发的相应复发操作,如满载信号复位等
PERS speeddata vMinEmpty:= [2000,400,6000,1000];
PERS speeddata vMidEmpty:= [3000,400,6000,1000];
PERS speeddata vMaxEmpty:= [5000,500,6000,1000];
PERS speeddata vMinLoad:= [1000,200,6000,1000];
PERS speeddata vMidLoad:= [2500,500,6000,1000];
PERS speeddata vMaxLoad:= [4000,500,6000,1000];
! 定义多种速度数据,分别对应空载时的高、中、低速,以及满载时的高、中、低速,便于对机器人的各个动作进行速度控制
PERS num Compensation{15,3}:= [[0,0,0],[0,0,0],[0,0,0],[0,0,0],[0,0,0],[0,0,0],[0,0,0],[0,0,0],[0,0,0],[0,0,0],[0,0,0],[0,0,0],[0,0,0],[0,0,0],[0,0,0]];
! 定义二维数组,用于各摆放位置的偏差调整;15 组数据对应 15 个摆放位置,每组数据 3 个数值,对应 X、Y、Z 的偏差值

PROC main()
! 主程序
rInitAll;
! 调用初始化程序,包括复位信号、复位程序数据、初始化中断等
WHILE TRUE DO
IF bReady THEN
! 利用 IF 条件判断,当左右两侧至少有一侧满足码垛条件时,判断条件 bREADY 为 TRUE,机器人则执行码垛任务
rPick;
! 调用抓取程序
rPlace;
! 调用放置程序
ENDIF
rCycleCheck;
! 调用循环检测程序,包含写屏显示循环时间、码垛个数、判断当前左右两侧状况等
ENDWHILE
! 利用 WHILE 循环,将初始化程序隔离开,即只在第一次运行时需要执行一次初始化程
```

序,之后循环执行拾取和放置动作

```
ENDPROC

PROC rInitAll()
! 初始化程序
rCheckHomePos;
! 调用检测 Home 点程序,若机器人在 Home 点,则直接执行后面的指令,否则机器人先安全返回 Home 点,再执行后面的指令
ConfL\OFF;
ConfJ\OFF;
! 关闭轴配置监控
nCount_L:= 1;
nCount_R:= 1;
! 初始化左右两侧码垛计数数据
nPallet:= 1;
! 初始化两侧码垛任务标识,1 为左侧,2 为右侧
nPalletNo:= 1;
! 初始化两侧码垛计数累计标识,1 为左侧,2 为右侧
bPalletFull_L:= FALSE;
bPalletFull_R:= FALSE;
! 初始化左右两侧码垛满载布尔量
bGetPosition:= FALSE;
! 初始化计算位置标识,FALSE 为未完成计算,TRUE 为已完成计算
Reset do00_ClampAct;
Reset do01_HookAct;
! 初始化夹具,夹板张开和钩爪松开
ClkStop Timer1;
! 停止时钟计时
ClkReset Timer1;
! 复位时钟
TriggEquip HookAct,100,0.1\DOp:= do01_HookAct,1;
! 定义触发事件:钩爪收紧。朝向指定目标点运动时提前 100 mm 收紧钩爪,即将产品钩住的提前动作时间为 0.1 s
TriggEquip HookOff,100\Start,0.1\DOp:= do01_HookAct,0;
! 定义触发事件:钩爪松开。距离之后加上可选参变量\start,则表示在离开起点 100 mm 处松开钩爪,提前动作时间为 0.1 s
IDelete iPallet_L;
CONNECT iPallet_L WITH tEjectPallet_L;
    ISignalDI di02_PalletInPos_L,0,iPallet_L;
! 中断初始化,当左侧满载码盘到位信号变为 0 时,表示满载码盘被取走,则触发中断程序 IPALLET_1,复位左侧满载信号、满载布尔量等
```

```
        IDelete iPallet_R;
        CONNECT iPallet_R WITH tEjectPallet_R;
        ISignalDI di03_PalletInPos_R,0,iPallet_R;
    ! 中断初始化,当右侧满载码盘单位信号变为 0 时,表示满载码盘被取走,则触发中断程序
IPALLET_R,复位右侧满载信号、满载布尔量等
    ENDPROC

    PROC rPick()
    ! 抓取程序
    ClkReset Timer1;
    ClkStart Timer1;
    rCalPosition;
    ! 计算位置,包括抓取位置、抓取安全位置、放置位置等
    MoveJ Offs(pPick,0,0,nPickH),vMaxEmpty,z50,tGripper\WObj:= wobj0;
    ! 利用 MoveJ 移动至抓取位置正上方
    MoveL pPick,vMinLoad,fine,tGripper\WObj:= wobj0;
    Set do00_ClampAct;
    ! 置位夹板信号,将夹板收紧,夹取产品
    Waittime 0.3;
    ! 预留夹具动作时间,以保证夹具已将产品夹紧,等待时间根据实际情况进行调整,若有夹
紧反馈信号,则可利用 WAITDI 指令等待反馈信号变为 1,从而替代固定的等待时间
    GripLoad LoadFull;
    ! 加载载荷数据
    TriggL Offs (pPick, 0, 0, nPickH), vMinLoad, HookAct, z50, tGripper \ WObj: =
wobj0;
    ! 利用 Triggl 移动至抓取正上方,并调用触发事件 HookAct,即在距离到达点 100 mm 处
将钩爪收紧,防止产品在快速移动中掉落
    MoveL pPickSafe,vMaxLoad,z100,tGripper\WObj:= wobj0;
    ! 利用 MoveL 移动至抓取安全位置
    ENDPROC

    PROC rPlace()
      MoveJ Offs(pPlace,0,0,nPlaceH),vMaxLoad,z50,tGripper\WObj:= CurWobj;
      TriggL pPlace,vMinLoad,HookOff,fine,tGripper\WObj:= CurWobj;
    ! 利用 Triggl 移动至放置位置,并调用触发事件 HookOff,即在离开放置位置正上方点
位 100 mm 后将钩爪放开
      Reset do00_ClampAct;
    ! 复位夹板信号,夹板松开,放下产品
      Waittime 0.3;
    ! 预留夹具动作时间,以保证夹具已将产品安全放下,等待时间根据实际情况进行调整
      GripLoad Load0;
```

```
    MoveL Offs(pPlace,0,0,nPlaceH),vMinEmpty,z50,tGripper\WObj:= CurWobj;
    rPlaceRD;
  ! 调用放置计数程序,会执行计数加 1 操作,并判断当前码盘是否已满载
    MoveJ pPickSafe,vMaxEmpty,z50,tGripper\WObj:= wobj0;
    ClkStop Timer1;
    nCycleTime:= ClkRead(Timer1);
  ! 读取时钟数值,并赋值给 nCycleTime
  ENDPROC

  PROC rCycleCheck()
  ! 周期循环检查
  TPErase;
  TPWrite "The Robot is running!";
  ! 示教器清屏,并显示当前机器人运行状态
  TPWrite "Last cycle time is:"\Num:= nCycleTime;
  ! 显示上次循环运行时间
  TPWrite "The number of the Boxes in the Left pallet is:"\Num:= nCount_L-1;
  TPWrite"The number of the Boxes in the Right pallet is:"\Num:= nCount_R-1;
  ! 显示当前左右码垛上面已摆放产品个数。由于 nCount_L 和 nCount_R 表示的是下轮循
环将要摆放的第多少个产品,而此处显示的是码盘上已摆放的产品数,所以在当前计数数值上
面减去 1
  IF(bPalletFull_L= FALSE AND di02_PalletInPos_L= 1 AND di00_BoxInPos_L= 1)
OR(bPalletFull_R= FALSE AND di03_PalletInPos_R= 1 AND di01_BoxInPos_R= 1)THEN
        bReady:= TRUE;
      ELSE
        bReady:= FALSE;
        WaitTime 0.1;
    ENDIF
  ENDPROC

  PROC rCalPosition()
  ! 计算位置程序
  bGetPosition:= FALSE;
  ! 复位完成位置标识
  WHILE bGetPosition= FALSE DO
  ! 若未完成计算位置,则重复执行 WHILE 循环
      TEST nPallet
  ! 利用 TEST 判断码垛检测标识位置数值,1 为左侧,2 为右侧
      CASE 1:
      IF bPalletFull_L= FALSE AND di02_PalletInPos_L= 1 AND di00_BoxInPos_L
= 1 THEN
```

！判断左侧是否满足码垛条件，若条件满足则将左侧的基准位置数值赋值给当前执行位置数据

```
    pPick:= pPick_L;
```

！将左侧抓取目标点数据赋值给当前抓取目标点

```
    pPlaceBase0:= pPlaceBase0_L;
    pPlaceBase90:= pPlaceBase90_L;
```

！将左侧放置位置基准目标点数据赋值给当前放置位置基准点

```
    CurWobj:= WobjPallet_L;
```

！将左侧码盘工件坐标系数据赋值给当前工件坐标系

```
    pPlace:= pPattern(nCount_L);
```

！调用计算放置位置功能程序，同时写入左侧计数参数，从而计算出当前需要摆放的位置数据，并赋值给当前放置目标点

```
    bGetPosition:= TRUE;
```

！已完成计算位置，则将完成计算位置标识置为 TRUE

```
    nPalletNo:= 1;
```

！将码垛计数标识置为 1，则后续会执行左侧码垛计算累计

```
    ELSE
      bGetPosition:= FALSE;
```

！若左侧不满足码垛任务，则将完成计算位置标识置为 FALSE，程序会再次执行 WHILE 循环

```
      ENDIF
      nPallet:= 2;
```

！将码垛检测标识置为 2，则下次执行 WHILE 循环时检测右侧是否满足码垛条件

```
  CASE 2:
```

！若为 2，则执行右侧检测

```
  IF bPalletFull_R= FALSE AND di03_PalletInPos_R= 1 AND di01_BoxInPos_R=
1 THEN
```

！判断右侧是否满足码垛条件，若满足条件，则将右侧的基准位置数值给当前执行位置数据

```
    pPick:= pPick_R;
```

！将右侧抓取目标点数据赋值给当前抓取目标点

```
      pPlaceBase0:= pPlaceBase0_R;
      pPlaceBase90:= pPlaceBase90_R;
```

！将右侧放置位置基准目标数据赋值给当前放置位置基准点

```
      CurWobj:= WobjPallet_R;
```

！将右侧码盘工件坐标系数赋值给当前工件坐标系

```
      pPlace:= pPattern(nCount_R);
```

！调用计算放置位置功能程序，同时写入右侧计数参数，从而计算出当前需要摆放的位置数据，并赋值给当前放置目标点

```
      bGetPosition:= TRUE;
```

！已完成计算位置，则将完成计算位置标识置为 TRUE

```
        nPalletNo:= 2;
        ELSE
        bGetPosition:= FALSE;
```

！若右侧不满足码垛任务，则将完成计算位置标识置为 FALSE，程序会再次执行 WHILE 循环

```
        ENDIF
        nPallet:= 1;
```

！将码垛检测标识置为 1，则下次执行 WHILE 循环时检测左侧是否满足码垛条件

```
        DEFAULT:
            TPERASE;
            TPWRITE "The data 'nPallet' is error,please check it!";
            Stop;
```

！数据 nPallet 数值出错处理，提示操作员检查并停止运行

```
        ENDTEST
    ENDWHILE
  ENDPROC

  FUNC robtarget pPattern(num nCount)
      VAR robtarget pTarget;
    IF nCount> = 1 AND nCount< = 5 THEN
        pPickSafe:= Offs(pPick,0,0,400);
    ELSEIF nCount> = 6 AND nCount< = 10 THEN
        pPickSafe:= Offs(pPick,0,0,600);
    ELSEIF nCount> = 11 AND nCount< = 15 THEN
        pPickSafe:= Offs(pPick,0,0,800);
    ENDIF
```

！利用 IF 判断当前码垛层数，根据判断的结果来设置抓取安全位置，以保证机器人不会与已码好的产品发生碰撞，抓取安全高度设置根据现场实际情况进行调整。此案例中的安全位置是以抓取点为基准偏移出来的，在实际中也可单独示教一个抓手的安全目标点，同样可以根据码垛层数的增加而改变该安全目标点的位置

```
      TEST nCount
    CASE 1:
        pTarget.trans.x:= pPlaceBase0.trans.x;
        pTarget.trans.y:= pPlaceBase0.trans.y;
        pTarget.trans.z:= pPlaceBase0.trans.z;
        pTarget.rot:= pPlaceBase0.rot;
        pTarget.robconf:= pPlaceBase0.robconf;
  pTarget:= Offs (pTarget,Compensation{nCount,1},Compensation{nCount,2},
Compensation{nCount,3});
```

！若为 1，则放置在第一个摆放位置，以摆放基准目标点为基准，分别在 X，Y，Z 方向做相应偏移，同时指定 TCP 姿态数据、轴配置参数等。为方便对各个摆放位置进行微调，利用 Offs 功

能在已计算好的摆放基础上沿着 X、Y、Z 再行微调，其中调用的是已创建的数组 Compensation。例如摆放第一个位置时 nCount 为 1，则 pTarget:= Offs (pTarget, Compensation{1,1},Compensation{1,2},Compensation{1,3})；如果发现第一个摆放位置向 X 负方向偏了 5 mm，则只需要在程序数据数组 Compensation 中将第一数组中的第一个数设为 5，即可对其 X 方向摆放位置进行微调。

```
        CASE 2:
          pTarget.trans.x:= pPlaceBase0.trans.x+ nBoxL;
          pTarget.trans.y:= pPlaceBase0.trans.y;
          pTarget.trans.z:= pPlaceBase0.trans.z;
          pTarget.rot:= pPlaceBase0.rot;
          pTarget.robconf:= pPlaceBase0.robconf;
        pTarget:= Offs(pTarget,Compensation{nCount,1},Compensation{nCount,
2},Compensation{nCount,3});
        CASE 3:
          pTarget.trans.x:= pPlaceBase90.trans.x;
          pTarget.trans.y:= pPlaceBase90.trans.y;
          pTarget.trans.z:= pPlaceBase90.trans.z;
          pTarget.rot:= pPlaceBase90.rot;
          pTarget.robconf:= pPlaceBase90.robconf;
      pTarget:= Offs(pTarget,Compensation{nCount,1},Compensation{nCount,2},
Compensation{nCount,3});
        CASE 4:
          pTarget.trans.x:= pPlaceBase90.trans.x+ nBoxW;
          pTarget.trans.y:= pPlaceBase90.trans.y;
          pTarget.trans.z:= pPlaceBase90.trans.z;
          pTarget.rot:= pPlaceBase90.rot;
          pTarget.robconf:= pPlaceBase90.robconf;
      pTarget:= Offs(pTarget,Compensation{nCount,1},Compensation{nCount,2},
Compensation{nCount,3});
        CASE 5:
          pTarget.trans.x:= pPlaceBase90.trans.x+ 2* nBoxW;
          pTarget.trans.y:= pPlaceBase90.trans.y;
          pTarget.trans.z:= pPlaceBase90.trans.z;
          pTarget.rot:= pPlaceBase90.rot;
          pTarget.robconf:= pPlaceBase90.robconf;
      pTarget:= Offs(pTarget,Compensation{nCount,1},Compensation{nCount,2},
Compensation{nCount,3});
        CASE 6:
          pTarget.trans.x:= pPlaceBase0.trans.x;
          pTarget.trans.y:= pPlaceBase0.trans.y+ nBoxL;
          pTarget.trans.z:= pPlaceBase0.trans.z+ nBoxH;
```

```
        pTarget.rot:= pPlaceBase0.rot;
        pTarget.robconf:= pPlaceBase0.robconf;
    pTarget:= Offs(pTarget,Compensation{nCount,1},Compensation{nCount,2},
Compensation{nCount,3});
      CASE 7:
        pTarget.trans.x:= pPlaceBase0.trans.x+ nBoxL;
        pTarget.trans.y:= pPlaceBase0.trans.y+ nBoxL;
        pTarget.trans.z:= pPlaceBase0.trans.z+ nBoxH;
        pTarget.rot:= pPlaceBase0.rot;
        pTarget.robconf:= pPlaceBase0.robconf;
    pTarget:= Offs(pTarget,Compensation{nCount,1},Compensation{nCount,2},
Compensation{nCount,3});
      CASE 8:
        pTarget.trans.x:= pPlaceBase90.trans.x;
        pTarget.trans.y:= pPlaceBase90.trans.y-nBoxW;
        pTarget.trans.z:= pPlaceBase90.trans.z+ nBoxH;
        pTarget.rot:= pPlaceBase90.rot;
        pTarget.robconf:= pPlaceBase90.robconf;
    pTarget:= Offs(pTarget,Compensation{nCount,1},Compensation{nCount,2},
Compensation{nCount,3});
      CASE 9:
        pTarget.trans.x:= pPlaceBase90.trans.x+ nBoxW;
        pTarget.trans.y:= pPlaceBase90.trans.y-nBoxW;
        pTarget.trans.z:= pPlaceBase90.trans.z+ nBoxH;
        pTarget.rot:= pPlaceBase90.rot;
        pTarget.robconf:= pPlaceBase90.robconf;
    pTarget:= Offs(pTarget,Compensation{nCount,1},Compensation{nCount,2},
Compensation{nCount,3});
      CASE 10:
        pTarget.trans.x:= pPlaceBase90.trans.x+ 2* nBoxW;
        pTarget.trans.y:= pPlaceBase90.trans.y-nBoxW;
        pTarget.trans.z:= pPlaceBase90.trans.z+ nBoxH;
        pTarget.rot:= pPlaceBase90.rot;
        pTarget.robconf:= pPlaceBase90.robconf;
    pTarget:= Offs(pTarget,Compensation{nCount,1},Compensation{nCount,2},
Compensation{nCount,3});
      CASE 11:
        pTarget.trans.x:= pPlaceBase0.trans.x;
        pTarget.trans.y:= pPlaceBase0.trans.y;
        pTarget.trans.z:= pPlaceBase0.trans.z+ 2* nBoxH;
```

```
            pTarget.rot:= pPlaceBase0.rot;
            pTarget.robconf:= pPlaceBase0.robconf;
        pTarget:= Offs(pTarget,Compensation{nCount,1},Compensation{nCount,2},
Compensation{nCount,3});
          CASE 12:
            pTarget.trans.x:= pPlaceBase0.trans.x+ nBoxL;
            pTarget.trans.y:= pPlaceBase0.trans.y;
            pTarget.trans.z:= pPlaceBase0.trans.z+ 2* nBoxH;
            pTarget.rot:= pPlaceBase0.rot;
            pTarget.robconf:= pPlaceBase0.robconf;
        pTarget:= Offs(pTarget,Compensation{nCount,1},Compensation{nCount,2},
Compensation{nCount,3});
          CASE 13:
            pTarget.trans.x:= pPlaceBase90.trans.x;
            pTarget.trans.y:= pPlaceBase90.trans.y;
            pTarget.trans.z:= pPlaceBase90.trans.z+ 2* nBoxH;
            pTarget.rot:= pPlaceBase90.rot;
            pTarget.robconf:= pPlaceBase90.robconf;
        pTarget:= Offs(pTarget,Compensation{nCount,1},Compensation{nCount,2},
Compensation{nCount,3});
          CASE 14:
            pTarget.trans.x:= pPlaceBase90.trans.x+ nBoxW;
            pTarget.trans.y:= pPlaceBase90.trans.y;
            pTarget.trans.z:= pPlaceBase90.trans.z+ 2* nBoxH;
            pTarget.rot:= pPlaceBase90.rot;
            pTarget.robconf:= pPlaceBase90.robconf;
        pTarget:= Offs(pTarget,Compensation{nCount,1},Compensation{nCount,2},
Compensation{nCount,3});
          CASE 15:
            pTarget.trans.x:= pPlaceBase90.trans.x+ 2* nBoxW;
            pTarget.trans.y:= pPlaceBase90.trans.y;
            pTarget.trans.z:= pPlaceBase90.trans.z+ 2* nBoxH;
            pTarget.rot:= pPlaceBase90.rot;
            pTarget.robconf:= pPlaceBase90.robconf;
        pTarget:= Offs(pTarget,Compensation{nCount,1},Compensation{nCount,2},
Compensation{nCount,3});
          DEFAULT:
              TPErase;
              TPWrite "The data 'nCount' is error,please check it!";
              stop;
```

```
    ENDTEST
    Return pTarget;
  ENDFUNC

  PROC rPlaceRD()
  TEST nPalletNo
  ! 利用 TEST 判断执行哪一侧的码垛计数
    CASE 1:
  ! 若为 1,则执行左侧码垛计数
        Incr nCount_L;
  ! 左侧计数 nCount_L 加 1,其等同于:nCount_L:= nCount_L+ 1;
        IF nCount_L> 15 THEN
            Set do02_PalletFull_L;
            bPalletFull_L:= TRUE;
            nCount_L:= 1;
        ENDIF
```

! 判断左侧码盘是否已经满载,本案例中码盘上面只摆放 15 个产品,则当计数数据大于 15 时视为满载,输出左侧码盘满载信号,将左侧满载布尔量置为 TRUE,并复位计数数据 nCount_L

```
    CASE 2:
        Incr nCount_R;
        IF nCount_R> 15 THEN
            Set do03_PalletFull_R;
            bPalletFull_R:= TRUE;
            nCount_R:= 1;
        ENDIF
```

! 判断右侧码盘是否已经满载,本案例中码盘上面只摆放 15 个产品时当计数数据大于 15,则视为满载,输出右侧码盘满载信号,将右侧满载布尔量置为 TRUE,并复位计数数据 nCount_L

```
    DEFAULT:
        TPERASE;
        TPWRITE "The data 'nPalletNo' is error,please check it!";
        Stop;
    ENDTEST
  ENDPROC

  PROC rCheckHomePos()
      VAR robtarget pActualPos;
      IF NOT CurrentPos(pHome,tGripper)THEN
          pActualpos:= CRobT(\Tool:= tGripper\WObj:= wobj0);
```

```
            pActualpos.trans.z:= pHome.trans.z;
            MoveL pActualpos,v500,z10,tGripper;
            MoveJ pHome,v1000,fine,tGripper;
        ENDIF
    ENDPROC

    FUNC bool CurrentPos(robtarget ComparePos,INOUT tooldata TCP)
        VAR num Counter:= 0;
        VAR robtarget ActualPos;
        ActualPos:= CRobT(\Tool:= TCP\WObj:= wobj0);
        IF ActualPos.trans.x> ComparePos.trans.x-25 AND ActualPos.trans.x<
ComparePos.trans.x+ 25 Counter:= Counter+ 1;
        IF ActualPos.trans.y> ComparePos.trans.y-25 AND ActualPos.trans.y<
ComparePos.trans.y+ 25 Counter:= Counter+ 1;
        IF ActualPos.trans.z> ComparePos.trans.z-25 AND ActualPos.trans.z<
ComparePos.trans.z+ 25 Counter:= Counter+ 1;
        IF ActualPos.rot.q1> ComparePos.rot.q1-0.1 AND ActualPos.rot.q1<
ComparePos.rot.q1+ 0.1 Counter:= Counter+ 1;
        IF ActualPos.rot.q2> ComparePos.rot.q2-0.1 AND ActualPos.rot.q2<
ComparePos.rot.q2+ 0.1 Counter:= Counter+ 1;
        IF ActualPos.rot.q3> ComparePos.rot.q3-0.1 AND ActualPos.rot.q3<
ComparePos.rot.q3+ 0.1 Counter:= Counter+ 1;
        IF ActualPos.rot.q4> ComparePos.rot.q4-0.1 AND ActualPos.rot.q4<
ComparePos.rot.q4+ 0.1 Counter:= Counter+ 1;
        RETURN Counter= 7;
    ENDFUNC

    TRAP tEjectPallet_L
    ! 左侧码盘更换中断程序，当左侧码盘满载后会将满载信号置为 1，同时将满载布尔量置为 TRUE；当码盘被取走后，利用此中断程序将满载输出信号复位，满载布尔量置为 FALSE；
      Reset do02_PalletFull_L;
         bPalletFull_L:= FALSE;
    ENDTRAP

    TRAP tEjectPallet_R
      Reset do03_PalletFull_R;
        bPalletFull_R:= FALSE;
    ENDTRAP
    PROC rMoveAbsj()
        MoveAbsJ jposHome\NoEOffs,v100,fine,tGripper\WObj:= wobj0;
    ENDPROC
```

6.2 知识储备

6.2.1 工程理论

程序流程控制语句及说明如表 6-1 所示。

表 6-1 程序流程控制语句及说明

指　　令	用　　途
ProcCall	调用(跳转至)其他程序
CallByVar	调用有特定名称的无返回值程序
RETURN	返回原程序范围内的程序控制
IF	基于是否满足条件,执行指令序列
FOR	重复一段程序多次
WHILE	重复指令序列,直到满足给定条件
TEST	基于表达式的数值执行不同指令
GOTO	跳转至标签
label	指定标签(线程名称)
Stop	停止程序执行
EXIT	不允许程序重启时,终止程序执行过程
Break	为排除故障,临时终止程序执行过程
SystemStopAction	终止程序执行过程和机械臂移动
ExitCycle	终止当前循环,将程序指针移至主程序中第一个指令处,选中执行模式 CONT 后,在下一程序循环中继续执行

1. IF——如果满足条件,那么…;否则…

结构:

```
IF Condition THEN…
{ELSEIF Condition THEN…} [ELST…]
ENDIF
```

Condition:判断条件(bool)。

应用:当前指令通过判断相应条件,控制需要执行的相应指令,是工业机器人程序流程的基本指令。

实例:

例 1
```
IF reg1> 5 THEN
Set do1;
Set do2;
ENDIF
```

仅当 reg1 大于 5 时,设置信号 do1 和 do2 。

例 2
```
IF reg1> 5 THEN
Set do1;
Set do2;
ELSE
Reset do1;
Reset do2;
ENDIF
```
根据 reg1 是否大于 5,设置或重置信号 do1 和 do2 。

例 3
```
IF reg2= 1 THEN
routine1;
ELSEIF reg2= 2 THEN
routine2;
ELSEIF reg2= 3 THEN
routine3;
ELSEIF reg2= 4 THEN
routine4;
ELSE Error;
ENDIF
```

2. TEST——根据表达式的值…

结构:
```
TEST Test data
{CASE Test value {,Test value}:…} [DEFAULT:…]
ENDTEST
```
Test data:判断数据变量(all)。

Test value:判断数据值(Same as)。

应用:当前指令通过判断相应数据变量与其所对应的值,控制需要执行的相应指令。

实例:
```
TEST reg1
CASE 1,2,3:
routine1;
CASE 4:
routine2;
DEFAULT:
TPWrite "Illegal choice";
Stop;
ENDTEST
```
根据 reg1 的值,执行不同的指令。如果该值为 1、2 或 3,则执行 routine1;如果该值为 4,则执行 routine2;否则,打印出错误消息,并停止执行。

3. WHILE——只要…便重复

结构:
```
WHILE Condition DO
```

```
… ENDWHILE
```

Condition:判断条件(bool)。

应用：当前指令通过判断相应条件，如果符合判断条件，则执行循环内指令，直至判断条件不满足才跳出循环，继续执行循环后的指令，需要注意，当前指令存在死循环。

实例：

例 1

```
WHILE reg1< reg2 DO
reg1:= reg1+ 1;
ENDWHILE
```

只要 reg1<reg2，则重复 WHILE 块中的指令。

例 2

```
WHILE reg1< reg2 DO
reg1:= reg1+ 1;ENDWHILE PROC main()
rInitial;
WHILE TRUE DO
ENDWHILE
ENDPROC
```

4. FOR——重复给定的次数

结构：

```
FOR Loop counter FROM Start value TO End value [STEP Step value] DO
ENDFOR
```

Loop counter:循环计数标识(identifier)。

Start value:标识初始值(num)。

End value:标识最终值(num)。

[STEP Step value]:计数更改值(num)。

应用：当前指令通过循环判断标识从初始值逐渐更改最终值，从而控制程序相应循环次数，如果不使用参变量[STEP]，循环标识每次更改值为 1，如果使用参变量[STEP]，则循环标识每次更改值为参变量相应设置，通常情况下，初始值、最终值与更改值为整数，循环判断标识使用 i、k 、j 等小写字母，是标准的工业机器人循环指令，常在通信口读写，数组数据赋值等数据处理时使用。

实例：

例 1

```
FOR i FROM 1 TO 10 DO
routine1;
ENDFOR
```

例 2

```
FOR i FROM 10 TO 2 STEP- 1 DO
a{i}:= a{i-1};
ENDFOR
```

例 3

```
PROC ResetCount()
FOR i FROM 1 TO 20 DO
FOR j FORM 1 TO 2 DO
nCount{i,j}:= 0
ENDFOR
ENDFOR
ENDPROC
```

5. GOTO——转到新的指令

结构：

```
GOTO Label:
```

Label:程序执行位置标签(identifier)。

应用:当前指令必须与指令 Label 同时使用,执行当前指令后,工业机器人将从相应标签位置 Label 处继续运行程序指令。

实例：

例 1

```
reg1:= 1;
next:
…
reg1:= reg1+ 1;
IF reg1< = 5 GOTO next;
```

例 2

```
IF reg1> 100 THEN
GOTO highvalue
ELSE
GOTO lowvalue
ENDIF
lowvalue:
…
GOTO ready;
highvalue:
…
ready:
```

6. ProcCall——调用无返回值例行程序

结构：

```
Procedure {Argument};
```

Procedure:例行程序名称(Identifier)。

{Argument}:例行程序参数(all)。

应用:机器人调用相应例行程序,同时给带有参数的例行程序中的相应参数赋值。

实例：

```
errormessage;
Set do1;
…
PROC errormessage()
TPWrite "ERROR";
ENDPROC
```

调用 errormessage 无返回值程序。当该无返回值程序就绪时,程序执行返回过程调用后的指令 Set do1。

7. Break——中断程序执行

结构：

```
Break;
```

应用:工业机器人在当前指令行立刻停止运行,程序运行指针停留在下一行指令,可以用Start键继续运行工业机器人。

实例:

```
MoveL  p2,v100,z30,tool0;
Break;(Stop;)
MoveL  p3.v100,fine,tool0;
```

图6-6标示了Break和Stop停止的区别。

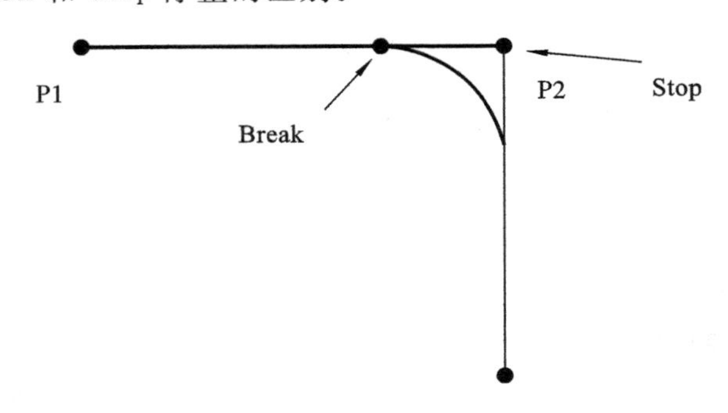

图6-6　Break、Stop停止的区别

8. EXIT——终止程序执行

结构:

```
Exit;
```

应用:机器人在当前指令行停止运行,并且程序重置,程序运行指针停留在主程序第一行。

实例:

```
ErrWrite "Fatal error","Illegal state";
EXIT;
```

程序执行停止,且无法从程序中的该位置重启。

9. ExitCycle——中断当前循环,并开始下一循环

结构:

```
ExitCycle;
```

应用:机器人在当前指令行停止运行,并且设定当前循环结束,工业机器人自动从主程序第一行继续运行下一个循环。

实例:

```
PROC main()
IF cyclecount= 0 THEN
CONNECT error_intno WITH error_trap;
ISignalDI di_error,1,error_intno;
ENDIF
cyclecount:= cyclecount+ 1;
! Start to do something intelligent
...ENDPROC
TRAP error_trap
TPWrite“I will start on the next item” ExitCycle;
ENDTRAP
```

6.2.2 工程技能

1. 工况说明

通过流程控制指令的学习，应用其控制原理判断工业机器人是否可以进行取料动作并完成5行6列螺栓的阵列装盘(见图6-7、图6-8)。

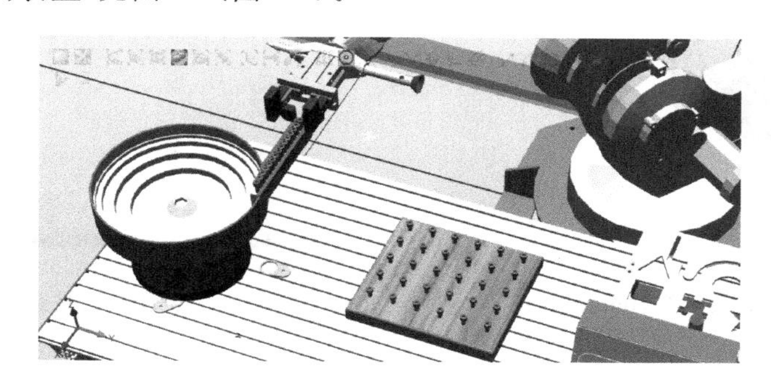

图6-7 流程控制编程环境

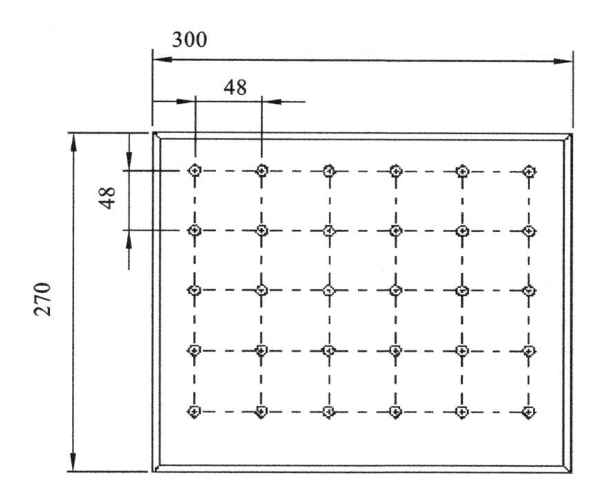

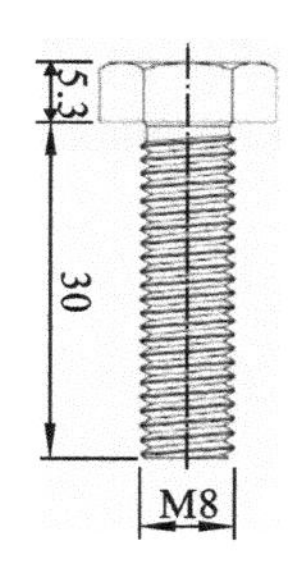

图6-8 载料盘和M8螺栓示意图

首先进行动作分析，工业机器人要完成从振动盘抓取物料的动作，将物料阵列放置于载料托盘上。只有当振动盘上有螺栓时机器人才可以进行取料，这就需要用IF或TEST判断指令编程实现。要依次完成若干个产品的取放动作，而且动作过程类似，这样就会联想到用循环功能实现，所以WHILE、FOR指令都可以作为理论支撑。可以将动作过程划分为准备工作、取螺栓、放螺栓三个部分，这样就可以建立三个例行程序，应用ProCall指令，使得程序结构简单、层次分明，便于机器人进行逻辑分析。

2. 工作流程

(1) 运动环境配置，设置末端操作器的工具坐标和工件坐标，如图6-9、图6-10所示。

(2) I/O信号测试。根据工艺的需求配置螺栓检测信号和气爪动作信号。

①当螺栓运动到待料位置时，senseok信号值为1(见图6-11)；

②当螺栓未运动到待料位置时，senseok信号值为0(见图6-12)；

③当pick信号值为0时，夹爪打开(见图6-13)；

④当pick信号值为1时，夹爪闭合(见图6-14)。

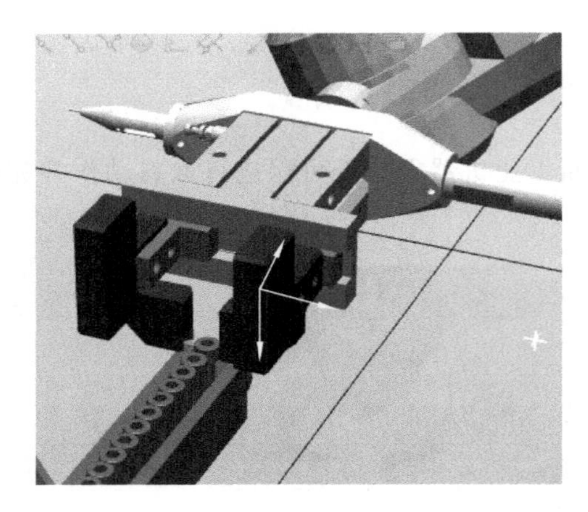

图 6-9　工具坐标(hold)

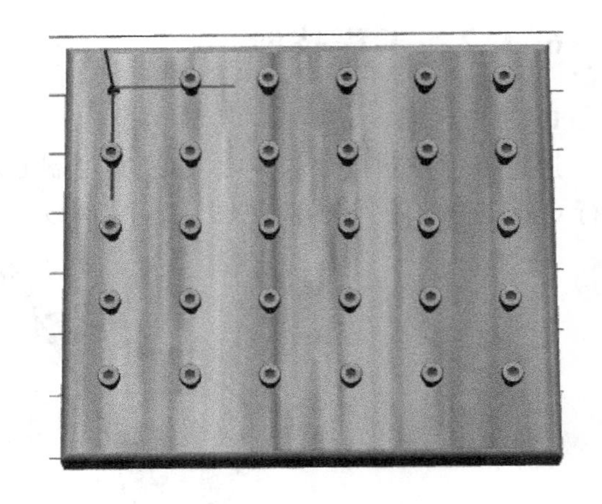

图 6-10　工件坐标(wobj1)

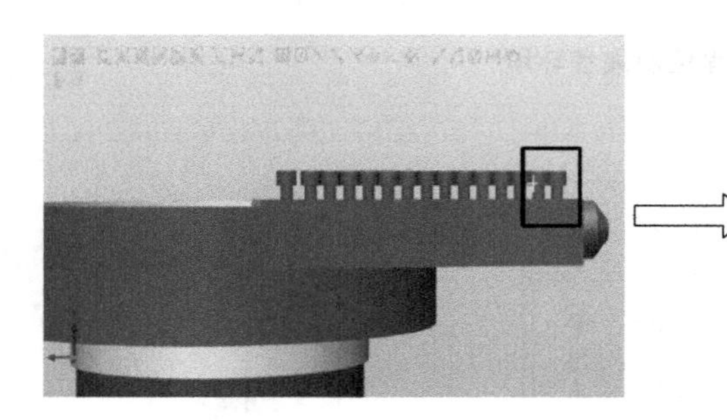

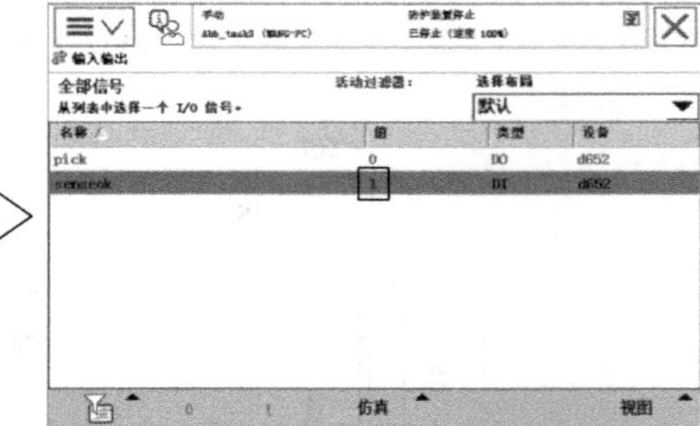

图 6-11　螺栓运动到待料位置

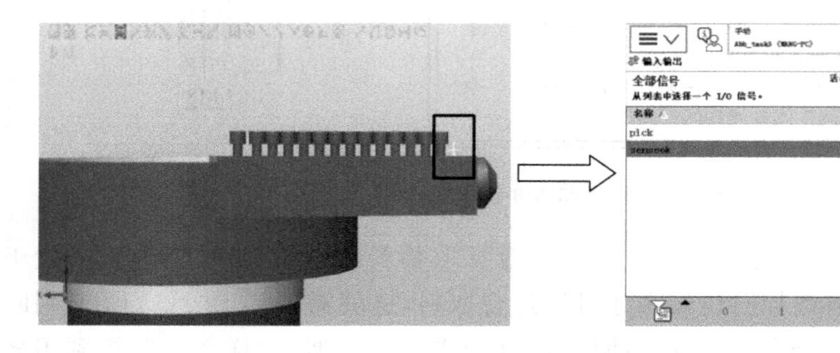

图 6-12　螺栓未运动到待料位置

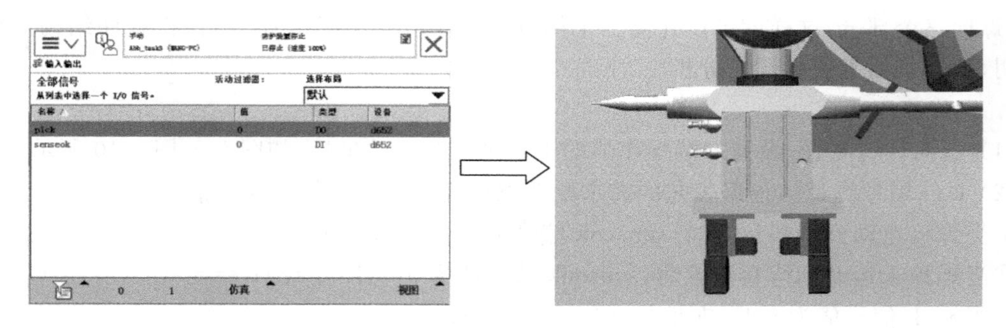

图 6-13　夹爪打开

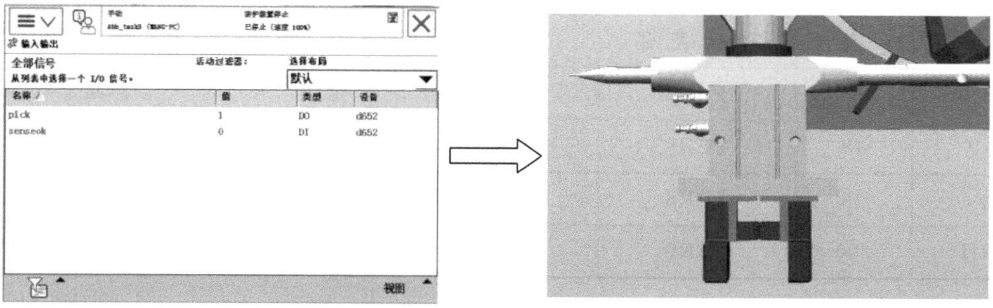

图 6-14　夹爪闭合

3. 示教目标点

示教目标点时，需要注意手动操作界面当前使用的工具坐标系和工件坐标系要和指令里面的参考工具和工件保持一致，否则会出现“错误的活动工件、工具”等警告信息。

完成坐标系标定和信号测试，需要示教基准目标点。在此项目中，只需要示教拾取基准点 pPick、放置基准点 pPlace、机器人工作原点 pHome。在机器人编程时专门设计一个用于示教基准目标点的程序 rteachpos，用来存储机器人目标点数据，如图 6-15 所示。

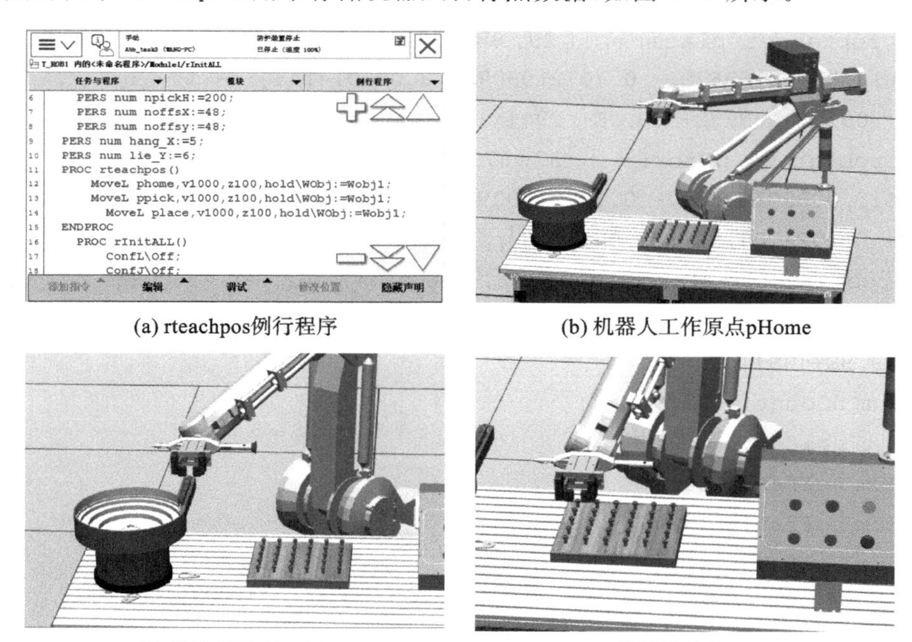

(a) rteachpos例行程序　(b) 机器人工作原点pHome

(c) 拾取基准点pPick　(d) 放置基准点pPlace

图 6-15　工业机器人拾取目标点

4. 定义程序数据

定义程序数据，如表 6-2 所示。

表 6-2　定义程序数据

名　称	值	存储类型	模　块	范　围	含　义
hang_X	5	PERS	module1	全局	载料盘行值
lie_Y	6	PERS	module1	全局	载料盘列值

续表

名　　称	值	存储类型	模　　块	范　　围	含　　义
nCount	1	PERS	module1	全局	产品个数
noffsX	48	PERS	module1	全局	载料盘行间距
noffsy	48	PERS	module1	全局	载料盘列间距
npickH	200	PERS	module1	全局	拾取Z方向偏移

5. 项目编程

根据工艺流程分析动作步骤，将其转化为工业机器人可以识别和进行逻辑处理的语言结构的过程，是编程的中心思想。这里提供两种编程思路，供实现取料工况时参考。

编程方式一（计算点位法）：

```
MODULE Module1
CONST robtarget pHome:= [[- 404.351378275,- 19.61916119,252.320117276],[0.706993501,0.000169857,- 0.707220022,- 0.000013093],[- 1,- 2,0,0],[9E+ 09,9E+ 09,9E+ 09,9E+ 09,9E+ 09,9E+ 09]];
CONST robtarget place:= [[29.988170173,30.001782173,- 43.023503659],[0.706993615,0.000169678,- 0.707219909,- 0.000014144],[- 1,- 1,- 1,0],[9E+ 09,9E+ 09,9E+ 09,9E+ 09,9E+ 09,9E+ 09]];
CONST robtarget pPick:= [[32.873597973,- 190.042603621,172.45022663],[0.706993615,0.000169678,- 0.707219909,- 0.000014144],[- 1,- 1,- 1,0],[9E+ 09,9E+ 09,9E+ 09,9E+ 09,9E+ 09,9E+ 09]];
PERS robtarget pPlace:= [[173.988,174.002,- 43.0235],[0.706994,0.000169678,- 0.70722,- 1.4144E- 05],[- 1,- 1,- 1,0],[9E+ 09,9E+ 09,9E+ 09,9E+ 09,9E+ 09,9E+ 09]];
PERS num nCount:= 22;
PERS num npickH:= 200;
PERS num noffsX:= 48;
PERS num noffsy:= 48;
PERS num hang_X:= 5;
PERS num lie_Y:= 6;
PROC rteachpos()
        MoveL pHome,v1000,z100,hold\WObj:= Wobj1;
        MoveL pPick,v1000,z100,hold\WObj:= Wobj1;
        MoveL place,v1000,z100,hold\WObj:= Wobj1;
  ENDPROC
    PROC rInitALL()
! 初始化程序
        ConfL\Off;
! 关闭MoveL运动过程中的轴配置监控，目的是使机器人在运动过程中能够自动选取合适的配置数据进行运动，在搬运应用中可有效避免轴配置报警等问题
```

```
        ConfJ\Off;
        AccSet 100,100;
! 设置机器人运行加速度,第一个值为加速度百分比,第二个值为坡度百分比
    VelSet 100,1000;
! 设置机器人运行速度,第一个值为速度百分比,第二个值为最大速度限制
    Reset pick;
! 复位末端操作器,控制夹爪松开
    nCount:= 1;
! 计数复位从第一个产品开始
    MoveL pHome,v1000,z100,hold\WObj:= Wobj1;
! 回到工作原点 pHome
    ENDPROC


    PROC rPick()
      WaitDI senseok,1;
! 等待震动盘有料
      MoveL offs(pPick,0,0,npickH),v1000,z100,hold\WObj:= Wobj1;
! 机器人运动到拾取基点上方 npickH 位置处
      MoveL pPick,v1000,fine,hold\WObj:= Wobj1;
! 运动到螺栓拾取点
      Set pick;
! 置位夹手,拾取螺栓
      WaitTime 0.5;
! 预留夹爪动作时间
      MoveL offs(pPick,0,0,npickH),v1000,z100,hold\WObj:= Wobj1;
    ENDPROC
    PROC rPlace()
      rcalpos;
! 调用位置计算例行程序
      MoveL offs(pPlace,0,0,npickH),v1000,fine,hold\WObj:= Wobj1;
! 机器人运动到放置位置上方 npickH 位置处
      MoveL offs(pPlace,0,0,0),v1000,fine,hold\WObj:= Wobj1;
! 机器人运动到放置位置处
      Reset pick;
! 松开夹爪,放置螺栓
      WaitTime 0.5;
! 预留夹爪动作时间
      MoveL offs(pPlace,0,0,npickH),v1000,z100,hold\WObj:= Wobj1;
      nCount:= nCount+ 1;
    ENDPROC
```

```
PROC rcalpos()
    ! Row1
! 计算机器人放置第一行位置
    TEST nCount
! 判断产品序号
    CASE 1:
    pPlace:= Offs(place,0,0,0);
    CASE 2:
    pPlace:= Offs(place,0,noffsy,0);
    CASE 3:
    pPlace:= Offs(place,0,2* noffsy,0);
    CASE 4:
    pPlace:= Offs(place,0,3* noffsy,0);
    CASE 5:
    pPlace:= Offs(place,0,4* noffsy,0);
    CASE 6:
    pPlace:= Offs(place,0,5* noffsy,0);
    ! Row2
! 计算机器人放置第二行位置
    CASE 7:
    pPlace:= Offs(place,noffsX,0* noffsy,0);
    CASE 8:
    pPlace:= Offs(place,noffsX,1* noffsy,0);
    CASE 9:
    pPlace:= Offs(place,noffsX,2* noffsy,0);
    CASE 10:
    pPlace:= Offs(place,noffsX,3* noffsy,0);
    CASE 11:
    pPlace:= Offs(place,noffsX,4* noffsy,0);
    CASE 12:
    pPlace:= Offs(place,noffsX,5* noffsy,0);
    ! Row3
! 计算机器人放置第三行位置
    CASE 13:
    pPlace:= Offs(place,2* noffsX,0* noffsy,0);
    CASE 14:
    pPlace:= Offs(place,2* noffsX,1* noffsy,0);
    CASE 15:
    pPlace:= Offs(place,2* noffsX,2* noffsy,0);
    CASE 16:
    pPlace:= Offs(place,2* noffsX,3* noffsy,0);
```

```
        CASE 17:
        pPlace:= Offs(place,2* noffsX,4* noffsy,0);
        CASE 18:
        pPlace:= Offs(place,2* noffsX,5* noffsy,0);
        ! Row4
! 计算机器人放置第四行位置
        CASE 19:
        pPlace:= Offs(place,3* noffsX,0* noffsy,0);
        CASE 20:
        pPlace:= Offs(place,3* noffsX,1* noffsy,0);
        CASE 21:
        pPlace:= Offs(place,3* noffsX,2* noffsy,0);
        CASE 22:
        pPlace:= Offs(place,3* noffsX,3* noffsy,0);
        CASE 23:
        pPlace:= Offs(place,3* noffsX,4* noffsy,0);
        CASE 24:
        pPlace:= Offs(place,3* noffsX,5* noffsy,0);
        ! Row5
! 计算机器人放置第五行位置
        CASE 25:
        pPlace:= Offs(place,4* noffsX,0* noffsy,0);
        CASE 26:
        pPlace:= Offs(place,4* noffsX,1* noffsy,0);
        CASE 27:
        pPlace:= Offs(place,4* noffsX,2* noffsy,0);
        CASE 28:
        pPlace:= Offs(place,4* noffsX,3* noffsy,0);
        CASE 29:
        pPlace:= Offs(place,4* noffsX,4* noffsy,0);
        CASE 30:
        pPlace:= Offs(place,4* noffsX,5* noffsy,0);
        DEFAULT:
        MoveL pHome,v1000,z100,hold\WObj:= Wobj1;
! 回到工作原点 pHome
        TPErase;
        TPWrite"the counter is error,pleasecheck it!";
        ENDTEST
    ENDPROC
    PROC main()
        rInitALL;
```

```
            WHILE TRUE DO
                IF senseok= 1 and nCount< 31 THEN
                    rPick;
                    rPlace;
                ENDIF
            ENDWHILE
        ENDPROC
    ENDMODULE
```

编程方式二(循环阵列法):

```
MODULE Module1
CONST robtarget pHome:= [[- 404.351378275,- 19.61916119,252.320117276],[0.706993501,0.000169857,- 0.707220022,- 0.000013093],[- 1,- 2,0,0],[9E+ 09,9E+ 09,9E+ 09,9E+ 09,9E+ 09,9E+ 09]];
CONST robtarget place:= [[29.988170173,30.001782173,- 43.023503659],[0.706993615,0.000169678,- 0.707219909,- 0.000014144],[- 1,- 1,- 1,0],[9E+ 09,9E+ 09,9E+ 09,9E+ 09,9E+ 09,9E+ 09]];
CONST robtarget pPick:= [[32.873597973,- 190.042603621,172.45022663],[0.706993615,0.000169678,- 0.707219909,- 0.000014144],[- 1,- 1,- 1,0],[9E+ 09,9E+ 09,9E+ 09,9E+ 09,9E+ 09,9E+ 09]];
PERS num nCount:= 1;
PERS num npickH:= 200;
PERS num noffsX:= 48;
PERS num noffsy:= 48;
PERS num hang_X:= 5;
PERS num lie_Y:= 6;
PROC rteachpos()
  MoveL pHome,v1000,z100,hold\WObj:= Wobj1;
  MoveL pPick,v1000,z100,hold\WObj:= Wobj1;
  MoveL place,v1000,z100,hold\WObj:= Wobj1;
ENDPROC
    PROC rInitALL()
! 初始化程序
        ConfL\Off;
! 关闭MoveL运动过程中的轴配置监控,目的是使机器人在运动过程中能够自动选取合适的配置数据进行运动,在搬运应用中可有效避免轴配置报警等问题
        ConfJ\Off;
        AccSet 100,100;
! 设置机器人运行加速度,第一个值是机器人加速度百分比,第二个值为坡度百分比
        VelSet 100,1000;
! 设置机器人运行速度,第一个值为速度百分比,第二个值为最大速度限制
        Reset pick;
```

```
! 复位末端操作器,控制夹爪松开
        nCount:= 1;
! 计数复位从第一个产品开始
        MoveL pHome,v1000,z100,hold\WObj:= Wobj1;
! 回到工作原点 pHome
    ENDPROC
    PROC rPick()
        WaitDI senseok,1;
! 等待振动盘有料
        MoveL offs(pPick,0,0,npickH),v1000,z100,hold\WObj:= Wobj1;
! 机器人运动到拾取基点上方 npickH 位置处
        MoveL pPick,v1000,fine,hold\WObj:= Wobj1;
! 运动到螺栓拾取点
        Set pick;
! 置位夹爪,拾取螺栓
        WaitTime 0.5;
! 预留夹爪动作时间
        MoveL offs(pPick,0,0,npickH),v1000,z100,hold\WObj:= Wobj1;
        nCount:= nCount+ 1;
! 拾取产品计数
    ENDPROC
    PROC rcal()
        FOR X FROM 1 TO hang_X DO
! 设计循环 X 方向次数
          FOR Y FROM 1 TO lie_Y DO
! 设计循环 Y 方向次数
          rPick;
! 调用拾取例行程序
          MoveL Offs(place,(X- 1)* noffsX,(Y- 1)* noffsY,npickH),v1000,
z100,hold\WObj:= Wobj1;
! 通过运算得到机器人放置位置点,在其上方 npickH 位置处
          MoveL Offs(place,(X- 1)* noffsX,(Y- 1)* noffsY,0),v1000,fine,
hold\WObj:= Wobj1;
! 通过运算得到机器人放置位置点
          Reset pick;
! 松开夹爪;
          WaitTime 0.5;
          MoveL Offs(place,(X- 1)* noffsX,(Y- 1)* noffsY,npickH),v1000,
z100,hold\WObj:= Wobj1;
          ENDFOR
        ENDFOR
```

```
    ENDPROC
    PROC main()
        rInitALL;
! 调用初始化程序
        WHILE TRUE DO
        IF senseok= 1  and  hang_X= 5  and  lie_Y= 6 and ncount< 31  THEN
! 当振动盘有取料信号,行列数分别是 5 和 6 且产品个数小于 31 时,条件成立
                MoveL phome,v1000,z100,hold\WObj:= Wobj1;
                rcal;
! 调用位置阵列放置程序
                MoveL pHome,v1000,z100,hold\WObj:= Wobj1;
            ENDIF
        ENDWHILE
    ENDPROC
ENDMODULE
```

6.2.3 工程素养

1. AccSet——降低加速度

结构:

AccSet Acc,Ramp;

Acc:工业机器人加速度百分比(num)。

Ramp:工业机器人加速度坡度(num)。

应用:当工业机器人运行速度改变时,对所产生的相应加速度进行限制,使工业机器人高速运行时更平缓,但会延长循环时间,系统默认值为 AccSet100,100;。

实例:如图 6-16 所示。

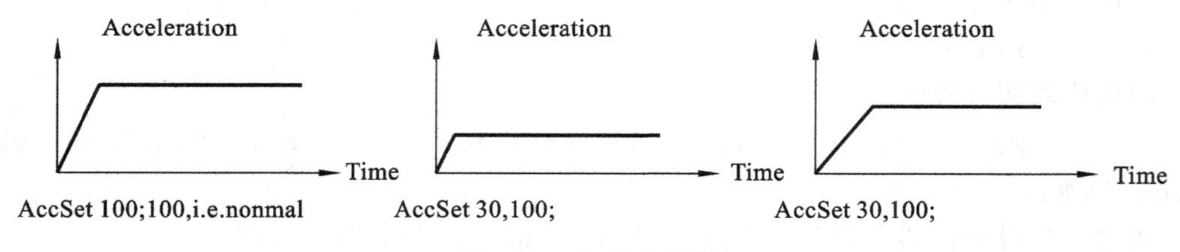

图 6-16　加速度设置

2. VelSet——改变编程速率

结构:

VelSet Override,Max;

Override:所需速率占编程速率的百分比。100%相当于编程速率(num)。

Max:最大 TCP 速率,以 mm/s 计(num)。

应用:VelSet 用于增加或减少所有后续定位指令的编程速率,同时用于使速率最大化。

实例:

```
VelSet 50,800;
MoveL p1,v1000,z10,tool1;   ——500 mm/s
```

```
MoveL p2,v1000\V:= 2000,z10,tool1;   ——800 mm/s
MoveL p2,v1000\T:= 5,z10,tool1;   ——10 s
VelSet 80,1000
MoveL p1,v1000,z10,tool1;   ——800 mm/s
MoveL p2,v5000,z10,tool1;   ——1000 mm/s
MoveL p3,v1000\V:= 2000,z10,tool1;   ——1000 mm/s
MoveL p3,v1000\T:= 5,z10,tool1;   ——6.25 s
```

3. ConfJ——关节轴移动期间控制配置

结构：

```
ConFJ[\on][\off];
```

[\on]:启动轴配置数据(switch)。关节运动时,工业机器人移动至 Modpos 点,如果无法到达,程序将停止运行。

[\off]:默认轴配置数据(switch)。关节运动时,工业机器人移动至 Modpos 点,轴配值数据默认为当前最接近值。

应用:对工业机器人运行姿态进行限制与调整,程序运行时,使工业机器人运行姿态得到控制,系统默认值为 ConFJ\on。

实例：

```
ConFJ\on;
Confj\off
```

注:工业机器人冷启动,新程序载入与程序重置后,系统自动设置为默认值。

4. SingArea——确定奇点周围的插补

结构：

```
SingArea[\Wrist][\off];
```

[\Wrist]:启用位置方位调整(switch)。工业机器人运动时,为了避免死机,允许位置点的方位有些改变,例如,在五轴零度时,工业机器人四六轴平行。

[\off]:关闭位置方位调整(switch)。机器人运动时,不允许位置点的方位有改变,是工业机器人默认状态。

应用:当前指令通过对工业机器人位置点姿态进行改变,可以绝对避免工业机器人运行时死机,但是工业机器人运行路径会受影响,姿态得不到控制,通常用于复杂姿态点,绝对不能作为工作点使用。

实例：

```
SingArea\wrist;
SingArea\off;
```

注:以下情况工业机器人将自动恢复默认值 SingArea\off。

①工业机器人冷启动;

②系统载入新的程序。

6.3 实践指导 SOP

实践指导 SOP 如图 6-17 所示。

实践作业指导书

文件编号	编制日期	页数	版本
		1/14	A/0

实践任务名称	实践六　工业机器人程序流程控制	实践场地	实训室	标准工时　4日	提交成果	任务书
		实践排号	1	作业类型　上机	人员配置	4～5人

实践步骤	内容	备注
1	开机准备，调节震动盘自动定位	
2	标定工件坐标和工具坐标	
3	I/O 信号测试	
4	示教目标点，建立目标点数据程序	
5	编辑机器人任务程序	
6	手动调试	
7	自动试运行	

1　2　3　4　5

运动环境配置 → I/O 通信设置 → 目标点示教

程序编写 → 项目调试 → 完成结果

序号	设备型号	功能	数量
1	IRB1410	实现机器人示教、编程、I/O通信	1
2	载料平台	配合教学任务承载螺钉的放置	1
3	基础模组平台	功能模块安装定位平台，工作启动，状态显示	1
4	末端操作器	含吸取、抓取、TCF标定工具	1
5	震动盘	一种自动定向排序的送料设备	1

安全注意事项	
人员安全	送电前一定要确保电源线正确，有效接地
	在机器人的工作区域内严禁站立
设备安全	运动速度限制，机器人的工作速度不能大于200m/s
	在设备运动过程中注意与工件或其他物体的干涉

核准		审核	承办单位
			承办人

图 6-17　实践指导 SOP 8

6.4 实践任务

设备介绍

(1) IRB1410 工业机器人:实现机器人示教、编程、I/O 通信。
(2) 载料平台:配合教学任务承载螺钉的放置。
(3) 基础模组平台:功能模块安装定位平台,工作启动,状态显示。
(4) 末端操作器:含吸取、抓取、TCP 标定工具。
(5) 震动盘:一种自动定向排序的送料设备。

实践目的

(1) 了解工业机器人程序流程指令的应用环境。
(2) 掌握一般程序的编写方法。
(3) 熟悉程序流程指令的语法结构和参数含义。

实践要求

(1) 设计工业机器人的运动环境和 I/O 信号。
(2) 完成指导老师设计的工业机器人动作轨迹。
(3) 程序设计层次分明、逻辑正确、思路精炼。
(4) 在运动过程中合理调整工业机器人的运动姿态。

实践过程

应用工业机器人编辑程序,载料盘初始状态如图 6-18 所示。当震动盘有料时,工业机器人从原点出发运动到拾取位置,完成取料动作(见图 6-19),放置成图 6-20 所示的状态,机器人回原点,程序停止。

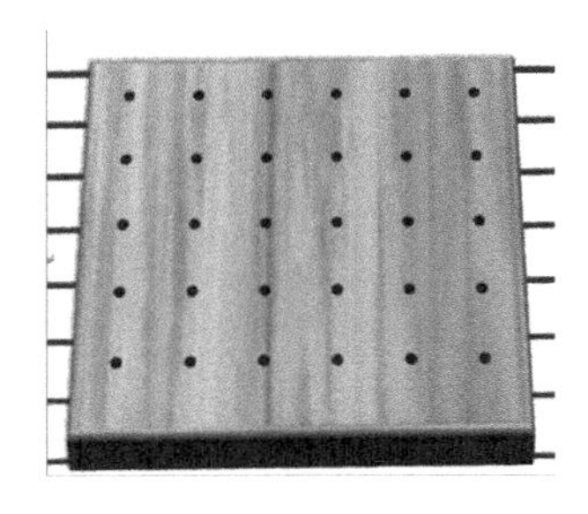
图 6-18 载料盘初始状态

图 6-19 机器人取料状态

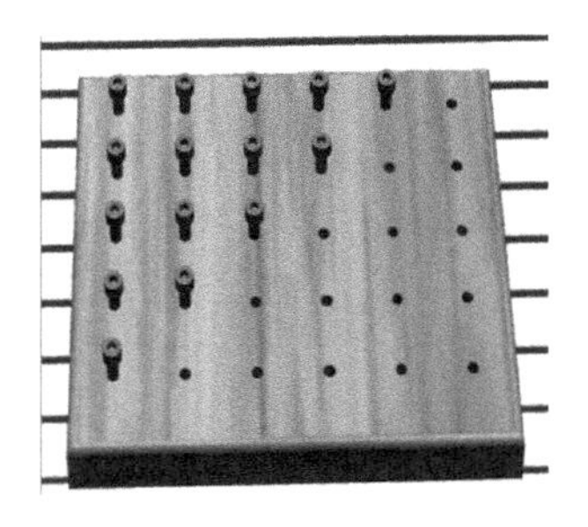
图 6-20 载料盘完成状态

实践评价

(1) 完成实践环境的安装(10 分)。

(2) 完成项目规定坐标系的建立(10 分)。

(3) 编写程序,完成机器人目标点示教(20 分)。

(4) 程序自动运行(30 分)。

(5) 录制动作视频(10 分)。

(6) 总结实验流程(20 分)。

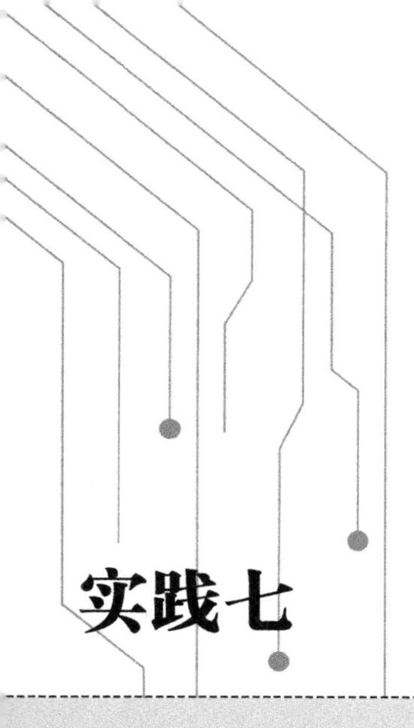

实践七

工业机器人项目应用(上下料)

21 世纪以来，工业机器人已经成为现代工业中不可缺少的重要工具。工业机器人自动上下料是工业机器人技术应用的一个重要方面，随着机床的高速、高精度化发展趋势，机床自动上下料技术将具有更广阔的发展前景。

机床上下料机器人实现了机床制造过程的完全自动化，采用了集成加工技术，可以实现圆盘类、长轴类、不规则形状、金属板类等工件的自动上下料、工件翻转、工件转序等，并且不依靠机床的控制器进行控制，机械手采用独立的控制模块，不影响机床运转，具有很高的效率，能确保产品质量的稳定性，结构简单，易于维护，可以满足不同种类产品的生产。对用户来说，只需要做出有限的调整，就可以快速地进行产品结构的调整和扩大产能，大大降低了产业工人的劳动强度。

上下料工业机器人系统是由工业机器人、料仓系统、末端夹持系统、控制系统、安全防护系统等以及客户端匹配的数控机床组成的自动化系统，具有速度快、柔性高、效能高、精度高、无污染等优点。

7.1 任务描述

本任务利用 ABB 工业机器人 IRB1410 来完成数控加工中心的机床上下料，实现对 50 mm×50 mm×50 mm 立方块的自动送料、夹紧和加工，然后由工业机器人取料至下一工位的自动化过程。作业流程具体如下：方形储料框一次可储存 12 个产品，从下到上依次叠加，最下面的一个产品侧面有一个双轴气缸，L 型推块安装在气缸上，底部侧面还装有光纤传感器来检测最底部是否有产品。启动时，气缸推出，将最下面的一个产品推到导向槽上，推完后气缸缩回，第二个产品在重力作用下掉到最底部，第一个产品从导向槽滑到机床夹料平台位置，平台上的夹紧气缸夹紧产品，夹紧气缸上的磁传感器检测到气缸夹紧到位后，将信号传送给数控机床，机床收到信号后，夹紧平台移动到加工位置开始加工，加工完成后，夹紧气缸松开，机床门自动打开，机床将加工完成信号传送给工业机器人，工业机器人收到信号后将加工好的产品抓出数控机床，送料至视觉跟踪输送线托盘内，机床门关闭，依次循环，重新加工第二个产品。

本工作站中已经预设搬运动作效果与 I/O 配置，只需要在此工作站中依次完成程序数据创建、目标点示教、程序编写及调试，最终完成整个上下料工作。

7.2 工艺介绍

7.2.1 布局图

根据已知信息，从占地面积及工艺流程的流畅性和可行性进行分析，采用以下比较合理的布局方式，包括 ABB 工业机器人 IRB1410 本体、ABB 工业机器人 IRB1410 控制柜、数控铣床、视觉跟踪线、工作站主控柜（见图 7-1）。

7.2.2 设计要点

在机床上下料工作站中，工业机器人从事的作业属于搬运的一种，但在取件时有着和搬运

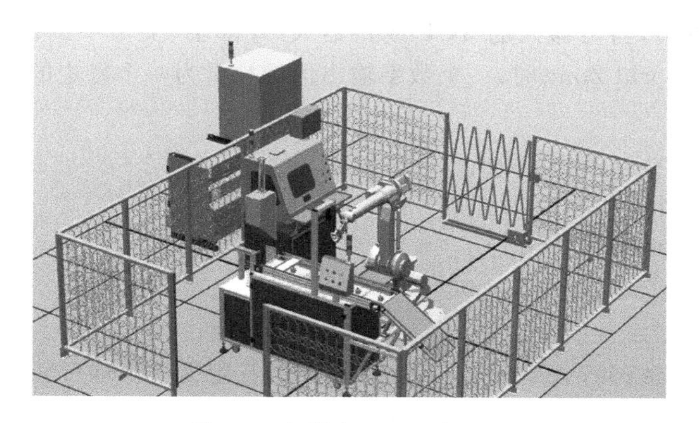

图 7-1 机器人上下料布局图

作业不同的地方。为避免工业机器人及末端操作器在机床内取料或未完全退出机床时，发生机床门关闭等安全事故，机床上下料一般应用区域检测(World Zone)实现工业机器人和数控机床互锁，即工业机器人和末端操作器进入此空间时，I/O 信号马上变化，禁止机床关门，保证工业机器人的安全。与区域检测(World Zones)相关的指令如下所示。

1. WZBoxDef——定义一个箱体形状的 World Zone

结构：

```
WZBoxDef [Inside] | [Outside] Shape LowPoint HighPoint;
```

用途：WZBoxDef(World Zone 箱体定义)用来定义一个直立箱体形状的 World Zone，该箱体的所有边都和 World 坐标系的坐标轴平行。指令说明见表 7-1。

基本示例：

```
VAR shapedata volume;
CONST pos corner1:= [200,100,100];
CONST pos corner2:= [600,400,400];
WZBoxDef Inside,volume,corner1,corner2;
```

定义一个直立的箱体，该箱体的所有边都和 World 坐标系的轴平行，该箱体由两个对角点 corner1 和 corner2 定义。

表 7-1 安全区域指令说明 1

指令变量名称	数据类型	说明
[Inside]	switch	定义箱体内部的体积
[OutSide]	switch	定义箱体外部的体积(反体积)
Shape	shapedata	定义的体积所存储的变量
LowPoint	pos	定义箱体的一个较低的角点的位置(x,y,z)，以毫米为单位
HighPoint	pos	定义箱体的另一个相对的角点的位置，(x,y,z)，以毫米为单位

注：必须指定 Inside 和 Outside 两个项目中的一个，LowPoint 和 HighPoint 的位置必须是有效的相对角点。

2. WZDOSet——激活 World Zone 来设置数字输出

结构：`WZDOSet [Temp] | [Stat] WorldZone [Inside] | [Before] Shape Signal SetValue;`

用途：WZDOSet(WorldZone 数字输出设置)用来定义动作并且激活一个 World Zone 来监视机器人运动。指令说明见表 7-2。

在该指令执行以后，当机器人的TCP或机器人/外部轴（关节中的区域）在定义的World Zone内部或者接近World Zone时，一个数字输出信号被设为一个特定的数值。

基本示例：

```
VAR wztemporary service;
PROC zone_output()
VAR shapedata volume;
CONST pos p_service:= [500,500,700];
...
WZSphDef Inside,volume,p_service,50;! 定义一个球形区域
WZDOSetTemp,service Inside,volume,do_service,1;
ENDPROC
```

定义临时World Zone service，当机器人的TCP在程序执行过程中或者点动过程中进入定义的球体时，设定信号do_service。

表7-2 安全区域指令说明2

指令变量	数据类型	说明
[Temp]	switch	要定义的World Zone是一个临时的World Zone
[Stat]	switch	要定义的World Zone是一个静态的World Zone
World Zone	wztemporary 或 wzstationary	可以根据World Zone的特性（数字数值）进行更新的变量或者恒量。如果使用可选项目Temp，数据类型必须是wztemporary；如果使用了Stat，数据类型必须是wzstationary
[Inside]	switch	当机器人的TCP或者某一个轴进入定义的体积空间内的时候，将设定数字输出信号
[Before]	switch	当机器人的TCP或者某一个轴进入定义的体积空间之前（马上就要进入空间）时，将设定数字输出信号
Shape	shapedata	定义World Zone空间的变量
Signal	signaldo	将要改变的数字输出信号的名称，如果使用了静态World Zone，信号必须写保护，权限ReadOnly
SetValue	dionum	当机器人的TCP进入体积空间或者恰好在进入之前时，期望的信号输出的数值（1或者0）；当机器人的TCP在外面或者正好在空间外面时，信号输出为相反的数值

注：必须指定[Temp]和[Stat]两个项目中的一个，两个项目[Inside]和[Before]必须选定一个。

程序执行，定义的World Zone被激活。从这时开始，机器人的TCP位置（或者机器人/外部轴位置）将被监视，当机器人的TCP位置（或者机器人/外部轴位置）在空间内（inside）或者接近空间的边界（before）时，将被设置输出。

以下内容是根据生产现场的实际情况总结的设计要点，主要有机床和工业机器人之间的通信、生产过程的安全问题、怎样提高生产节拍等，具体如下：

目标：用送料机构送料，机床加工完成后，工业机器人进入机床取料，并搬运到视觉跟踪线的托盘内，机器人退出机床时，机床门关闭，机床加工下一个产品，节省机器人等待时间。三个产品一组作为一个工作循环，全程无人员参与。

产品:方块物料;规格:棱长 50 mm;搬运节拍:平均 25 s/件。

7.2.3 工艺流程

1. 机床上下料工作站工艺流程

机床上下料工作站的工艺流程如表 7-3 所示。

表 7-3 机床上下料工作站的工艺流程

步骤	作业名称	作业内容	备注
第 1 步	作业准备 系统启动	工作前的准备(首次启动前,人工将运行条件准备好)	人工作业
第 2 步	机床开始工作	①送料机构的底部气缸推料; ②物料在重力的作用下滑至机床夹具,夹具气缸夹紧工件; ③夹紧到位后,机床开始工作; ④机床加工完后,发出到位信号给机器人	机床作业
第 3 步	机器人准备 拾取物料	①机器人从原位移至机床门外等待,并发出信号打开机床门和工件夹具; ②机床门打开到位,夹具松开到位,发信号给机器人; ③收到信号后,机器人进入机床拾取产品,夹爪闭合; ④机器人拾取产品后运动到安全高度,退出机床	机器人作业
第 4 步	机床关门,加工下一个产品	机器人退出机床到安全位置后,发出信号关闭机床门,加工下一工件	机器人作业
第 5 步	机器人放料	①机器人运行到视觉跟踪线的托盘上方,开始减速; ②机器人下行,到放料点后松开夹爪放料; ③机器人上行到一定高度后,退回到机械原点	机器人作业
第 6 步	循环工作	①机器人判断托盘情况,对应处理; ②机器人重复步骤 1~5	

2. 机器人各环节动作说明

1. 作业准备,点击软件中的“仿真”,选择“播放”,这时系统开始启动。

续表

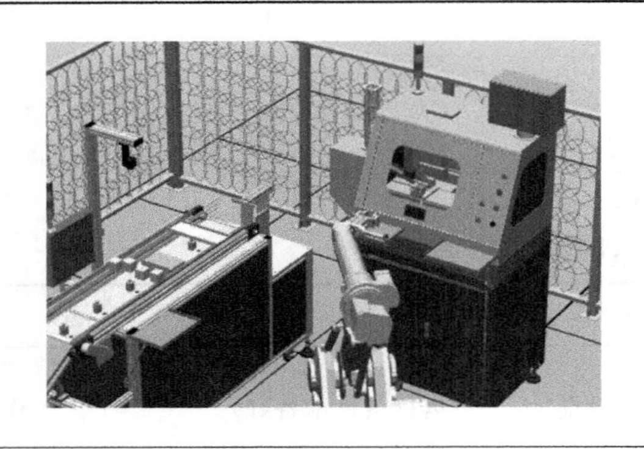	2. 机器人移至机床等待点，并向机床发出加工信号。
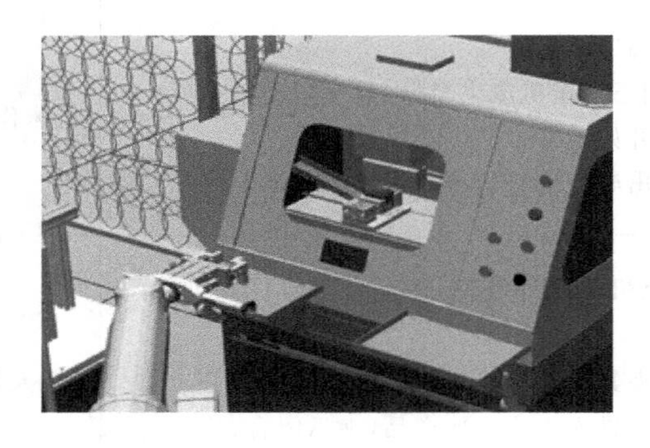	3. 机床收到信号，料仓推料，夹具夹紧工件，机床开始加工。
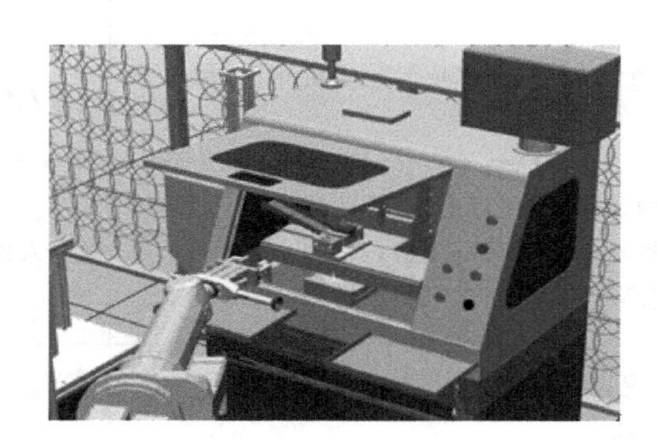	4. 加工完成后，机床门打开。
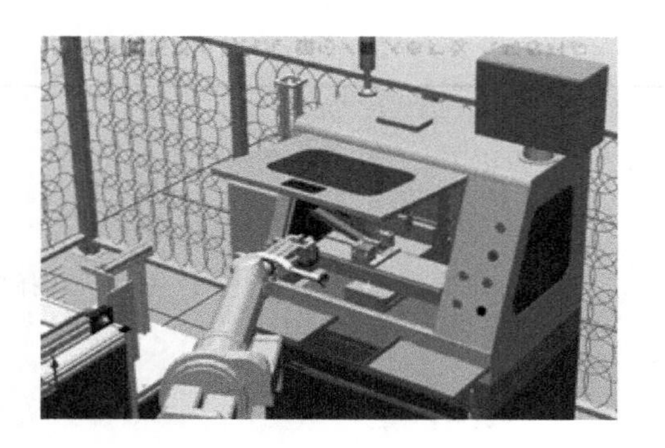	5. 机床门打开到位后，夹具松开，机器人进入机床，夹爪闭合，机器人取料。

续表

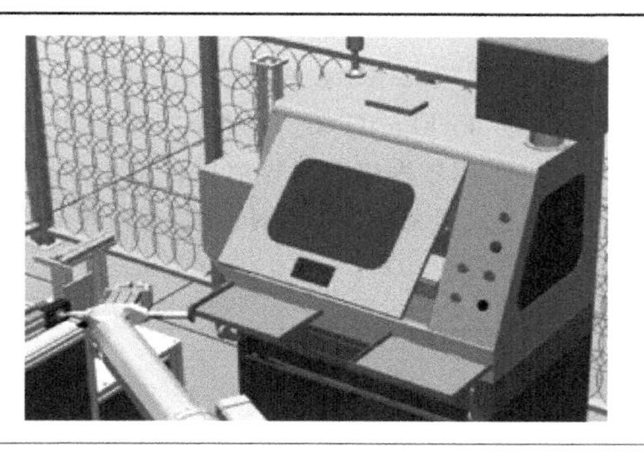	6. 机器人及末端操作器完全退出机床后,机床门关闭,并发出加工下一个产品的指令。
	7. 机器人至视觉跟踪线托盘处,夹爪打开,放料。
	8. 机器人回原点,准备下一循环。

7.3 任务实施

7.3.1 任务实施流程

任务实施流程如下。

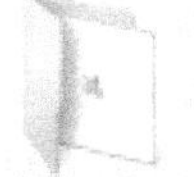 teacher  PickPartCNC.exe  PickPartCNC_student.rspag  RobotStudio 3-21_2.Wmv	第 1 步:找到文件夹"实践七配套任务",打开文件夹"task2"后,打开文件"PickPartCNC. exe"和"RobotStudio 3-21_2. Wmv"进行观看。

续表

 PickPartCNC_student.rspag	第 2 步：找到 RobotStudio 中的文件“PickPartCNC_Student. rspag”并双击打开，根据解压向导解压该工作站，解压完成后关闭该解压对话框，等待控制器完成启动。
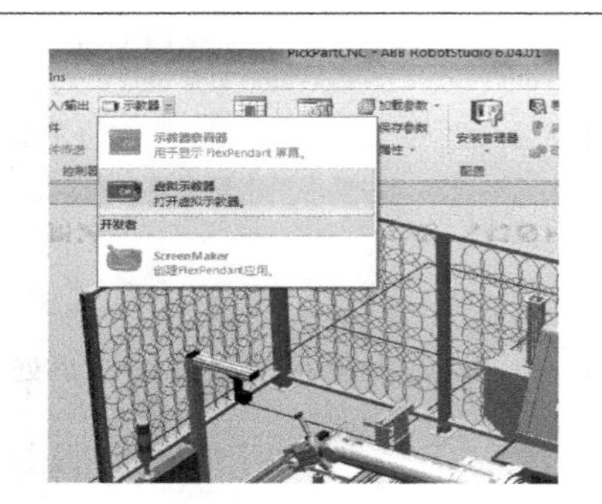	第 3 步：依次点击“控制器”“示教器”，打开“虚拟示教器”。
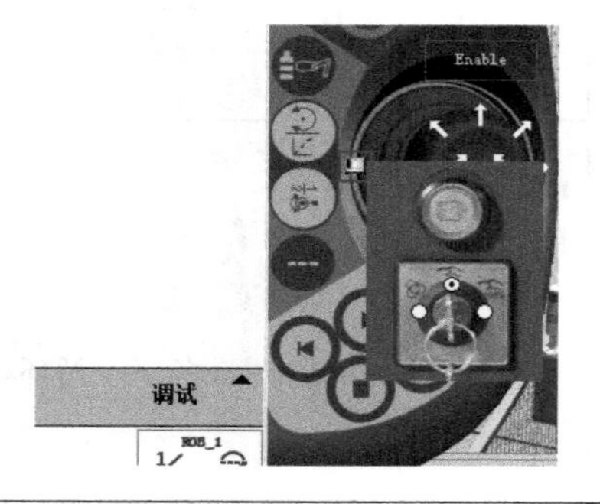	第 4 步：打开“虚拟示教器”后，点击示教器上的小控制柜图标(位于手动摇杆的左边)，将机器人的模式改为手动模式(钥匙在左侧为自动，在中间为手动，在右侧为全速手动，有的控制柜只有手动模式和自动模式两档，没有全速手动模式)。
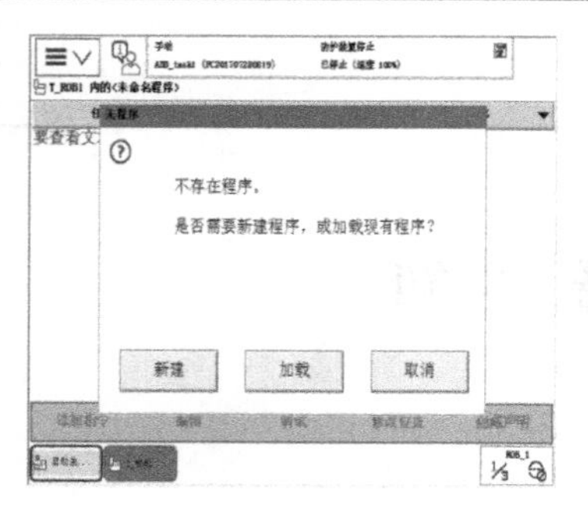	第 5 步：点击“ABB 主菜单”，选择“程序编辑器”，点击“新建”，等待例行程序完成新建。
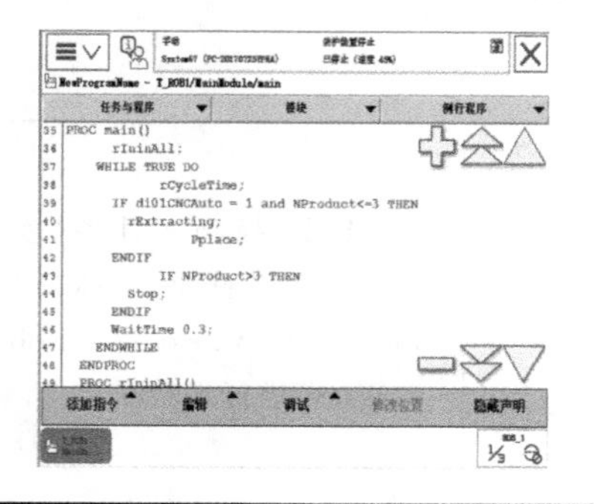	第 6 步：新建完成后，开始进行编程(I/O 配置已做好)，开始编程之前，完善程序数据(各程序数据见“程序数据说明”)。检查无误后示教目标点(可参考下方点位调试示意图)，完成所有要用到的目标点示教。

续表

<table>
<tr>
<td>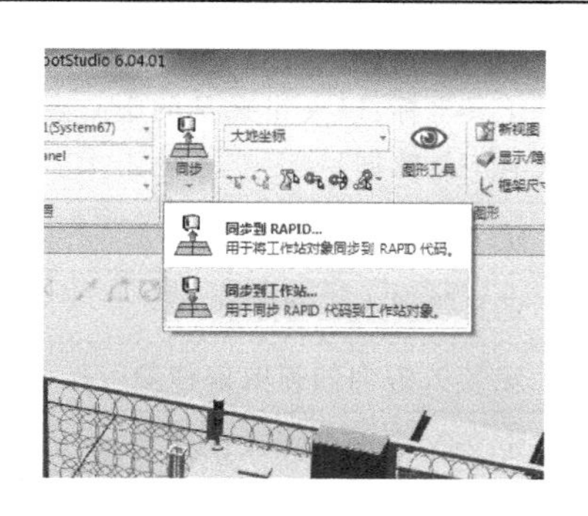
</td>
<td>第 7 步:选择软件中的“RAPID”,点击“同步”,在下拉菜单(点击“同步”下方的一个向下的三角形图标)中选择“同步到工作站”,等待同步完成。</td>
</tr>
<tr>
<td>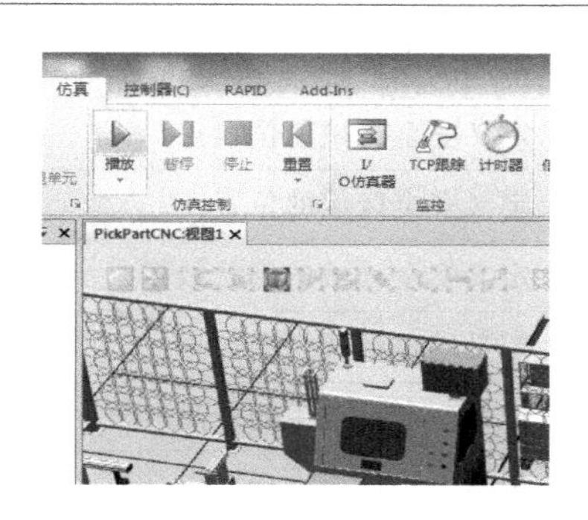
</td>
<td>第 8 步:再次检查无误后选择软件中的“仿真”,点击“播放”按钮,工作站开始运行。</td>
</tr>
<tr>
<td>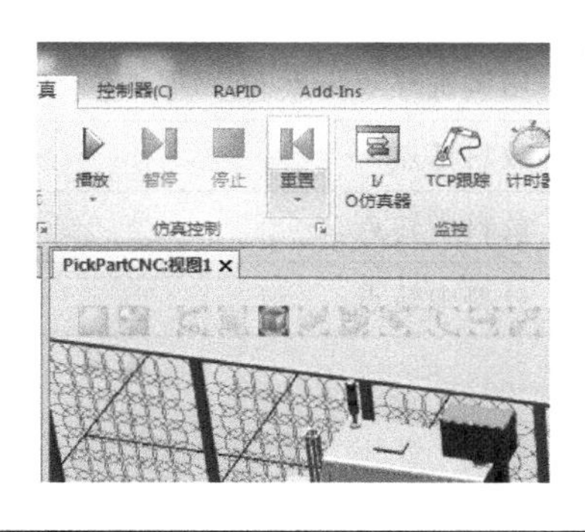
</td>
<td>第 9 步:观察工作站运行情况,出现问题时点击“停止”按钮,然后点击“重置”按钮,在下拉菜单中选择复位(也可点击“停止”后按键盘上的“Ctrl+Z”,向后撤消一步)。修改程序中有问题的部分后再次仿真工作站,直到工作站能顺利完成任务。</td>
</tr>
</table>

7.3.2 程序数据说明

机床上下料工作站程序数据说明如表 7-4 所示。

表 7-4 程序数据说明 1

序号	名称	存储类型	数据类型	内容说明
1	wobjCNC	PERS	wobjdata	工件坐标:以机床的一个直角来创建工件坐标(当机床重新定位后,只需重定义工件坐标,不用重新示教目标点)
2	wobjPanel	PERS	wobjdata	工件坐标:以放料托盘的一个直角来创建工件坐标(当放料托盘重新定位后,只需重定义工件坐标,不用重新示教目标点)

续表

序　号	名　　称	存储类型	数据类型	内容说明
3	hold	PERS	tooldata	工具坐标：以夹钳夹具的中心点来创建的夹钳夹具工具数据
4	vFast	CONST	speeddata	定义机器人运动速度
5	vLow	CONST	speeddata	定义机器人运动速度
6	nPickOff_X	PERS	num	定义 X 方向的抓取偏移量
7	nPickOff_Y	PERS	num	定义 Y 方向的抓取偏移量
8	nPickOff_Z	PERS	num	定义 Z 方向的抓取偏移量
9	nCTime	PERS	num	定义生产节拍
10	PosExtRobSafe1	PERS	pos	定义安全区域的位置点
11	PosExtRobSafe2	PERS	pos	定义安全区域的位置点
12	shExtRobSafe	VAR	shapedata	定义安全区域的形状数据
13	wzExtRobSafe	PERS	wzstationary	定义固定形式全局数据
14	NProduct	VAR	num	定义生产过程中的产品序号
15	pHome	CONST	robtarget	机器人工作原点
16	pPickCNC	CONST	robtarget	产品抓取点
17	pWaitCNC	CONST	robtarget	压铸机外等待点
18	pRelPart	CONST	robtarget	放料基点
19	pRelPart10	CONST	robtarget	放料中转点
20	pRelPart20	CONST	robtarget	放料中转点

7.3.3　机床上下料工作站 I/O 列表

机床上下料工作站 I/O 列表如表 7-5 所示。

表 7-5　机床上下料工作站 I/O 列表

1. I/O 板说明			
Name	使用来自模板的值	Network	Address
D652	DSQC 652	DeviceNet	62

2. I/O 信号列表				
Name	Type of Signal	Assigend to Device	Device Mapping	I/O 说明
do01RobInHome	DO	D652	0	机器人在原点信号
do02GripperON	DO	D652	9	夹爪打开
do03GripperOFF	DO	D652	10	夹爪关闭
do04StartCNC	DO	D652	1	运行加工信号
do05RobInCNC	DO	D652	2	机器人在模具中信号

续表

2. I/O 信号列表				
Name	Type of Signal	Assigend to Device	Device Mapping	I/O 说明
do06DoorClose	DO	D652	3	机床门开合信号
do07ClampOpen	DO	D652	4	打开机床夹具
do08EStop	DO	D652	5	机器人急停输出信号
do09CycleOn	DO	D652	6	机器人运行状态信号
do10RobManual	DO	D652	7	机器人处于手动模式
do11Error	DO	D652	8	机器人错误信息
di01CNCAuto	DI	D652	0	机床是否在自动状态
di02DoorOpen	DI	D652	1	安全门打开到位
di03PartOK	DI	D652	2	产品加工完毕
di04Pickok	DI	D652	3	夹取完成
di05LsClampClose	DI	D652	4	夹爪闭合到位
di06LsClampOpen	DI	D652	5	夹爪打开到位
di07ResetE_Stop	DI	D652	6	急停复位
di08ResetError	DI	D652	7	错误报警复位信号
di09StartAt_Main	DI	D652	8	从主程序开始信号
di10MotorOn	DI	D652	9	电机上电输入信号
di11Start	DI	D652	10	启动信号
di12Stop	DI	D652	11	停止信号
di13CNCerror	DI	D652	12	机床报错

3. 系统输入输出关联配置表			
信 号 类 型	信 号 名 称	功能/状态	Argument
System Input	di07ResetE_Stop	Reset Emergency Stop	无
System Input	di08ResetError	Reset Execution Error	无
System Input	di09StartAt_Main	Start at Main	Continuous
System Input	di10MotorOn	Motors On	无
System Input	di11Start	Start	Continuous
System Input	di12Stop	Stop	无
System Output	do08EStop	Emergency Stop	无
System Output	do09CycleOn	Cycle On	无
System Output	do10RobManual	Execution Error	无

4. 信号网络			
机器人输出		机器人输入	
ABB 工业机器人	PLC(Smart 组件)	PLC(Smart 组件)	ABB 工业机器人
do02GripperON	do02GripperON		di01DCMAuto

续表

4. 信号网络			
机器人输出		机器人输入	
ABB 工业机器人	PLC(Smart 组件)	PLC(Smart 组件)	ABB 工业机器人
do04StartCNC	do04StartCNC	do02DoorOpen	di02DoorOpen
do06DoorClose	do06DoorClose	do03PartOK	di03PartOK
		do04Pickok	di04Pickok
5. 工作站信号			
auto_start——工作站自动运行信号,对应机器人的 di01DCMAuto			
auto_reset——工作启动前先执行一次设备复位			

注意:为了提高 do05RobInCNC 信号的可靠性,将其设定为常闭信号,当机器人在机床外的安全空间时,输出为"1";当机器人在机床内的空间时,输出为"0",如果发生 I/O 通信中断,则输出也为"0",从而提高信号的可靠程度。设定如表 7-6 所示。

表 7-6 信号设定

Name	Access Level	Default Value
do05RobInCNC	ReadOnly	1

7.3.4 程序说明

1. 程序结构说明

程序结构说明如表 7-7 所示。

表 7-7 程序结构说明 1

序号	名称	类型	内容
1	rPowerON	PROC	例行程序:安全区域设定配合 event
2	main	PROC	例行程序:主程序,是一个程序的开头
3	rIninAll	PROC	例行程序:初始化,用来复位整个程序中的初始运行环境,包括信号、数据和回原位
4	rCheckHomePos	PROC	例行程序:机器人检测原位点,根据情况回到原位点
5	rCycleTime	PROC	例行程序:计算产品的生产节拍
6	rExtracting	PROC	例行程序:合模取件程序
7	rGripperOpen	PROC	例行程序:夹爪打开程序
8	rGripperClose	PROC	例行程序:夹爪闭合程序
9	rReset_Out	PROC	例行程序:信号复位程序
10	rCheckHomePos	PROC	例行程序:原点判断程序
11	bCurrentPos	FUNC	功能程序:位置检测
12	pPlace	PROC	例行程序:物料阵列

2. 程序示例

```
MODULE MainModule
! 主程序模块 MainMoudle
    PERS tooldatahold:= [TRUE,[[0,-30,171.5],[0,-0.707106781,0.707106781,0]],[1,[0,0,1],[1,0,0,0],0,0,0]];
! 定义夹爪工具坐标
    TASK PERS wobjdatawobjPanel:= [FALSE,TRUE,"",[[1096.295,-403.566,758.335],[0,1,0,0]],[[0,0,0],[1,0,0,0]]];
! 定义放料托盘工件坐标系
    TASK PERS wobjdata wobjCNC:= [FALSE, TRUE,"",[[370.466411085,-1057.821937507,869.233],[0.000035244,0.000000006,0.000171466,0.999999985]],[[0,0,0],[1,0,0,0]]];
! 定义机床工件坐标系
    CONST robtarget pMoveOutCNC:= [[27.30,-406.54, 256.72],[0.507572, 0.492312,0.507402,-0.492486],[-1,-1,1,0],[9E+ 09,9E+ 09,9E+ 09,9E+ 09,9E+ 09,9E+ 09]];
! 机器人退出机床点
    CONST robtarget pPickCNC:= [[27.26,129.10,121.09],[0.507573,0.492311,0.507403,-0.492486],[-1,-2,2,0],[9E+ 09,9E+ 09,9E+ 09,9E+ 09,9E+ 09,9E+ 09]];
! 机器人取料点
    CONST robtarget pWaitCNC:= [[27.30,-406.59,121.28],[0.507573,0.492312,0.507402,-0.492486],[-1,-2,2,0],[9E+ 09,9E+ 09,9E+ 09,9E+ 09,9E+ 09,9E+ 09]];
! 机器人在机床外等待取料点
    CONST robtarget pRelPart:= [[63.98,55.81,-99.07],[0.707107,5.24554E-07,-0.707107,-1.07522E-06],[-1,-1,1,0],[9E+ 09,9E+ 09,9E+ 09,9E+ 09,9E+ 09,9E+ 09]];
! 在托盘放料基准点
    CONST robtarget pHome:= [[1092.14,-30.00,1066.75],[0.612372,0.353553,-0.353553,-0.612372],[0,0,0,0],[9E+ 09,9E+ 09,9E+ 09,9E+ 09,9E+ 09,9E+ 09]];
! 机器人原位点
    CONST robtarget pRelPart10:= [[-79.93, 55.81,-238.42], [0.707107,-1.23206E-06,-0.707107,-8.73862E-07],[-1,-1,1,0],[9E+ 09,9E+ 09,9E+ 09,9E+ 09,9E+ 09,9E+ 09]];
! 放料中转点 1
    CONST robtarget pRelPart20:= [[-636.44, 55.81,-238.42], [0.56684,0.422721,-0.56684,0.42272],[-1,-1,1,0],[9E+ 09,9E+ 09,9E+ 09,9E+ 09,9E+ 09,9E+ 09]];
! 放料中转点 2
CONST speeddata vFast:= [500,200,5000,1000];
! 定义机器人运动速度
    CONST speeddata vLow:= [500,100,5000,1000];
```

```
! 定义机器人运动速度
   PERS num nPickOff_X:= 0;
! 定义 X 方向的抓取偏移量
   PERS num nPickOff_Y:= 0;
! 定义 Y 方向的抓取偏移量
   PERS num nPickOff_Z:= 40;
! 定义 Z 方向的抓取偏移量
   PERS pos PosExtRobSafe1:= [553,-921,1049];
! 定义安全区域的位置点
   PERS pos PosExtRobSafe2:= [43,-1250,1423];
! 定义安全区域的位置点
   VAR shapedata shExtRobSafe;
! 定义安全区域的形状数据
   PERS wzstationary wzExtRobSafe:= [1];
! 定义固定形式全局数据
   PERS num nCTime:= 20.359;
! 定义生产节拍
   VAR num NProduct:= 0;
! 定义生产过程中的产品序号

   PROC rPowerON()
! Event Routine,定义机器人和机床工作的互锁区域
       PosExtRobSafe1:= [553,-921,1049];
       PosExtRobSafe2:= [43,-1250,1423];
! 互锁区域的两个对角点位置
       WZBoxDef\Inside,shExtRobSafe,PosExtRobSafe1,PosExtRobSafe2;
! 矩形体干涉设定指令,Inside 是定义机器人 TCP 在进入该区域有效
       WZDOSet\Stat,wzExtRobSafe\Inside,shExtRobSafe,do05RobInCNC,1;
! 干涉区域启动指令,并关联到对应的输出信号
       ErrWrite "power on ok!","world zone";
   ENDPROC

   PROC main()
       rIninAll;
       ! 初始化程序
       WHILE TRUE DO
           rCycleTime;
           ! 周期计时
           IF di01CNCAuto= 1 and NProduct< = 3 and diCNCerror= 0 THEN
             ! 判断机床是否处于自动状态并且产品数量小于 3 pcs,机床是否有错误
信息
```

```
            rExtracting;
            ! 用 CNC 生产和取件例行程序
            pPlace;
            ! 产品放置
        ENDIF
        IF NProduct> 3 THEN
          ! 当产品数量大于 3 时停止生产
            Stop;
        ENDIF
        WaitTime 0.3;
        ! 防止程序过载
    ENDWHILE
ENDPROC

PROC rIninAll()
    AccSet 100,100;
    ! 加速度设定
    VelSet 100,3000;
    ! 速度设定
    rReset_Out;
    ! 调用信号复位程序
    rCheckHomePos;
    ! 原点判断
    NProduct:= 1;
    ! 产品序号初始化
ENDPROC

PROC rExtracting()
    MoveJ pHome,vFast,fine,hold\WObj:= wobj0;
    MoveJ pWaitCNC,vFast,z20,hold\WObj:= wobjCNC;
    ! 机器人运行到待料点
    IF NProduct= 1 THEN
    ! 如果是第一个产品,启动 CNC
        PulseDO\PLength:= 0.5,do04StartCNC;
    ENDIF
    WaitDI di03PartOK,1;
    ! 等待 CNC 把工件加工完毕
    Set do06DoorClose;
    ! 打开机床门
    WaitDI di02DoorOpen,1;
    ! 等待安全门到位
```

```
        MoveL Offs(pPickCNC,nPickOff_X,nPickOff_Y,nPickOff_Z),vLow,fine,
hold\WObj:= wobjCNC;
        MoveL pPickCNC,vLow,fine,hold\WObj:= wobjCNC;
        ! 机器人运动到抓取点
        rGripperClose;
        ! 夹爪闭合
        WaitDI di04pickok,1;
        ! 等待夹住产品
        MoveL Offs(pPickCNC,nPickOff_X,nPickOff_Y,nPickOff_Z),vLow,z10,
hold\WObj:= wobjCNC;
        MoveJ pWaitCNC,vFast,z20,hold\WObj:= wobjCNC;
        WaitTime 1;
        Reset do06DoorClose;
        ! 关闭机床门
        PulseDO\PLength:= 0.5,do04StartCNC;
        ! 机床加工另一个产品,减少机器人等待时间,提高节拍
    ENDPROC

    PROC pPlace()
        ! 放料例行程序
        MoveJ pRelPart20,vFast,z50,hold\WObj:= wobjPanel;
        MoveJ pRelPart10,vFast,z50,hold\WObj:= wobjPanel;
        ! 放料路径过程点
        TEST NProduct
        ! 放置产品
        CASE 1:
            MoveL Offs(pRelPart,0,0,0),vLow,fine,hold\WObj:= wobjPanel;
            MoveL Offs(pRelPart,0,0,55),vLow,fine,hold\WObj:= wobjPanel;
            rGripperOpen;
        CASE 2:
            MoveL Offs(pRelPart,70,0,0),vLow,fine,hold\WObj:= wobjPanel;
            MoveL Offs(pRelPart,70,0,55),vLow,fine,hold\WObj:= wobjPanel;
            rGripperOpen;
        CASE 3:
            MoveL Offs(pRelPart,140,0,0),vLow,fine,hold\WObj:= wobjPanel;
              MoveL Offs (pRelPart, 140, 0, 55), vLow, fine, hold \ WObj: =
wobjPanel;
            rGripperOpen;
        ENDTEST
        NProduct:= NProduct+ 1;
        ! 产品计数累加
        MoveJ pHome,v1000,z50,hold;
```

```
    ENDPROC
    FUNC bool bCurrentPos(robtarget ComparePos,INOUT tooldata TCP)
        ! 判断当前位置和目标位置的误差在 50 mm 以内
        VAR num Counter:= 0;
        VAR robtarget ActualPos;
        ActualPos:= CRobT(\Tool:= TCP\WObj:= wobj0);
        IF ActualPos.trans.x> ComparePos.trans.x-25 AND ActualPos.trans.x
< ComparePos.trans.x+ 25 Counter:= Counter+ 1;
        IF ActualPos.trans.y> ComparePos.trans.y-25 AND ActualPos.trans.y
< ComparePos.trans.y+ 25 Counter:= Counter+ 1;
        IF ActualPos.trans.z> ComparePos.trans.z-25 AND ActualPos.trans.z
< ComparePos.trans.z+ 25 Counter:= Counter+ 1;
        IF ActualPos.rot.q1> ComparePos.rot.q1-0.1 AND ActualPos.rot.q1<
ComparePos.rot.q1+ 0.1 Counter:= Counter+ 1;
        IF ActualPos.rot.q2> ComparePos.rot.q2-0.1 AND ActualPos.rot.q2<
ComparePos.rot.q2+ 0.1 Counter:= Counter+ 1;
        IF ActualPos.rot.q3> ComparePos.rot.q3-0.1 AND ActualPos.rot.q3<
ComparePos.rot.q3+ 0.1 Counter:= Counter+ 1;
        IF ActualPos.rot.q4> ComparePos.rot.q4-0.1 AND ActualPos.rot.q4<
ComparePos.rot.q4+ 0.1 Counter:= Counter+ 1;
        RETURN Counter= 7;
    ENDFUNC

    PROC rCheckHomePos()
        ! 判断原点例行程序
        IF NOT bCurrentPos(pHome,hold)THEN
            TPErase;
            TPWrite "Robot is not in the Wait-Position";
              TPWrite " Please jog the robot around the Wait position in
manual";
            TPWrite "And execute the pHome routine.";
            WaitTime 0.5;
            Stop;
            ! 移动到安全位置手动回原点
        ENDIF
    ENDPROC

    PROC rReset_Out()
    ! 重置输出信号
        Reset do04StartCNC;
        Reset do02GripperON;
        Reset do06DoorClose;
```

```
        WaitDI di03PartOK,0;
        WaitDI di02DoorOpen,0;
    ENDPROC

    PROC rCycleTime()
        ClkStop clock1;
        ! 停止计时
        nCTime:= ClkRead(clock1);
        TPWrite "the cycletime is  "\Num:= nCTime;
        ClkReset clock1;
        ClkStart clock1;
        ! 开始计时
    ENDPROC
    PROC rHome()
        MoveJ pHome,vFast,fine,hold\WObj:= wobj0;
    ENDPROC
    PROC rGripperOpen()
    ! 夹爪打开
        Reset do02GripperON;
        WaitTime 1.3;
    ENDPROC
    PROC rGripperClose()
    ! 夹爪闭合
        Set do02GripperON;
        WaitTime 1.3;
    ENDPROC
    PROC rTeachPath()
    ! 示教目标点例行程序,可根据需要手动调用
        ! Programn for Robot teach target point
        MoveL pMoveOutCNC,v300,z40,hold\WObj:= wobjCNC;
        MoveL pPickCNC,v300,z40,hold\WObj:= wobjCNC;
        MoveL pWaitCNC,v300,z40,hold\WObj:= wobjCNC;
        MoveL pRelPart,v300,z40,hold\WObj:= wobjPanel;
        MoveJ pRelPart10,v300,z40,hold\WObj:= wobjPanel;
        MoveJ pRelPart20,v300,z40,hold\WObj:= wobjPanel;
        MoveL pHome,v300,z40,hold\WObj:= wobj0;
    ENDPROC
ENDMODULE
```

7.3.5 点位调试示意图

点位调试如图 7-2 至图 7-8 所示。

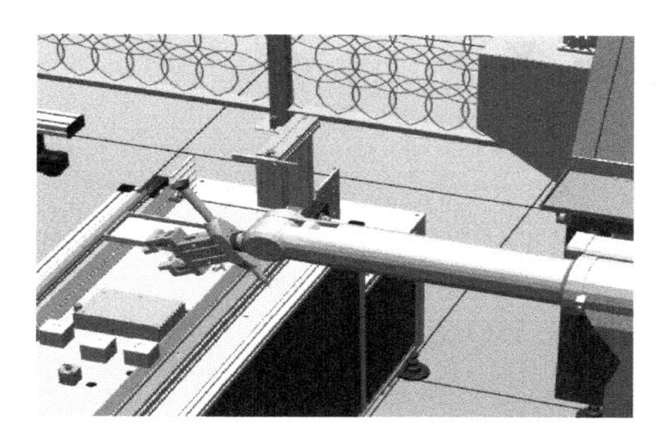

图 7-2　机器人原位点 pHome

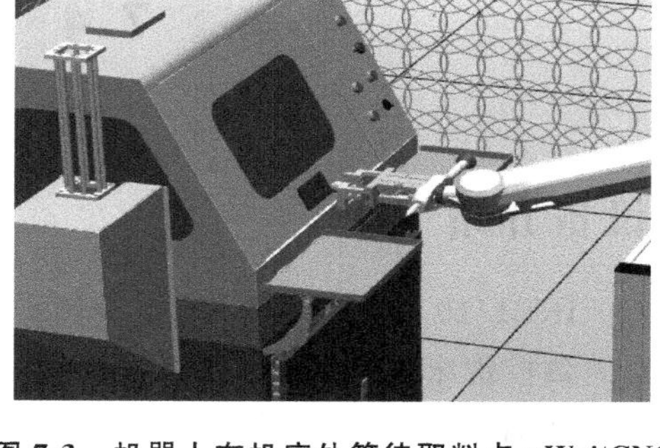

图 7-3　机器人在机床外等待取料点 pWaitCNC

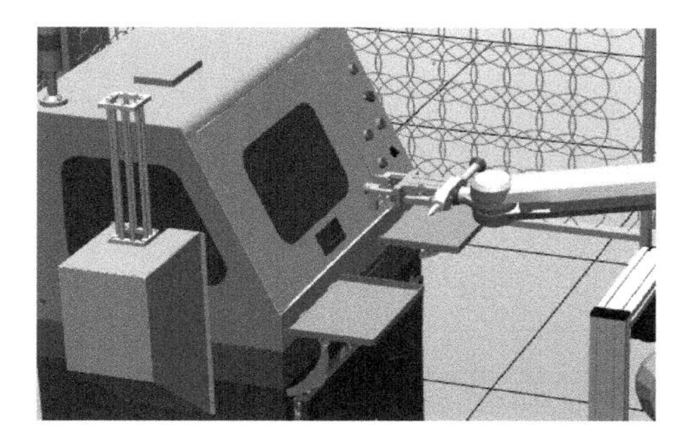

图 7-4　机器人退出机床点 pMoveOutCNC

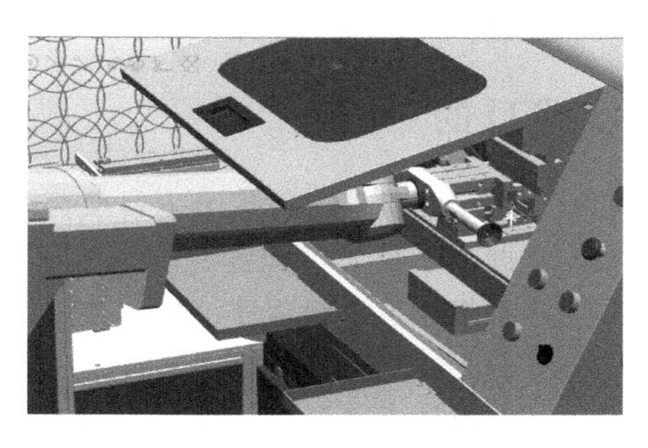

图 7-5　机器人取料点 pPickCNC

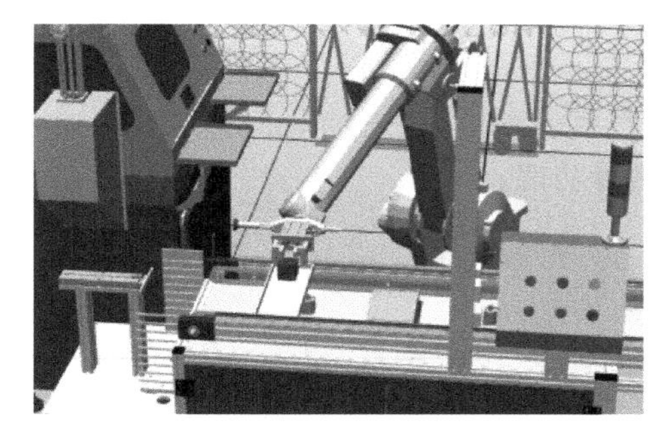

图 7-6　托盘放料基准点 pRelPart

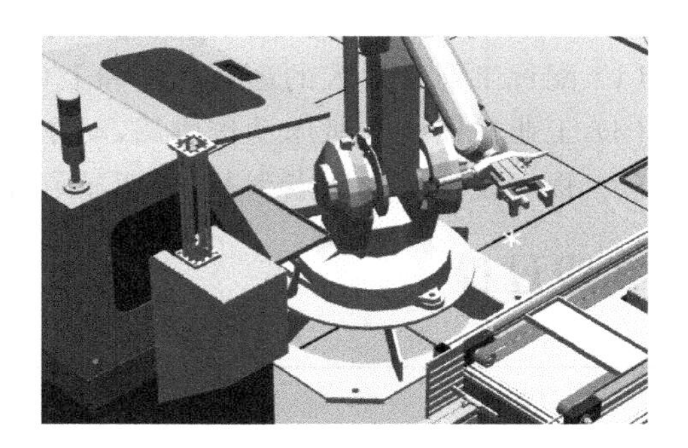

图 7-7　放料中转点 1 pRelPart10

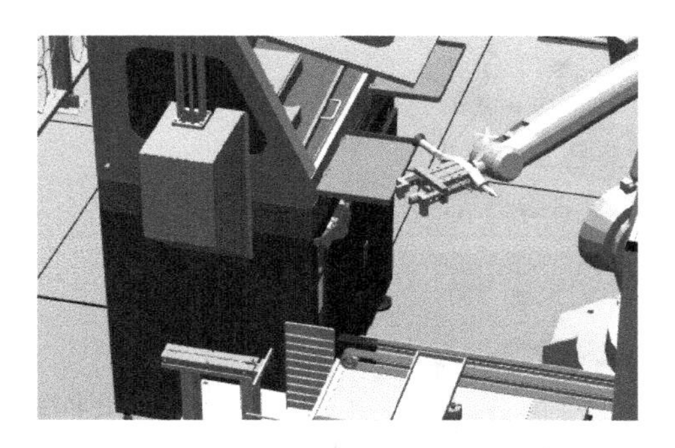

图 7-8　放料中转点 2 pRelPart20

7.4 实践任务

设备介绍

(1) IRB1410 工业机器人:实现机器人轨迹示教、编程、I/O 通信。
(2) 数控铣床:加工产品。
(3) 基础模组平台:功能模块安装定位平台,工作启动,状态显示。
(4) 末端操作器:含吸取、抓取、TCP 标定工具。
(5) 托盘:承载产品,堆垛平台。

实践目的

(1) 了解工业机器人机床上下料项目调试流程。
(2) 掌握上下料 I/O 配置。
(3) 熟悉机床上下料程序结构和常用指令。
(4) 掌握 World Zone 功能。
(5) 掌握机床上下料程序编写与调试。

实践要求

(1) 配置工业机器人的运动环境和 I/O 信号。
(2) 工业机器人与机床动作协调,动作顺序符合要求。
(3) 程序设计体现原点判断、周期显示、区域检测等功能。

实践过程

编　号	图　示	说　明
状态 1		未加工料位于右边托盘,6 件物料摆放整齐。
状态 2		利用末端操作器的吸盘吸取物料。

续表

编　　号	图　　示	说　　明
状态 3	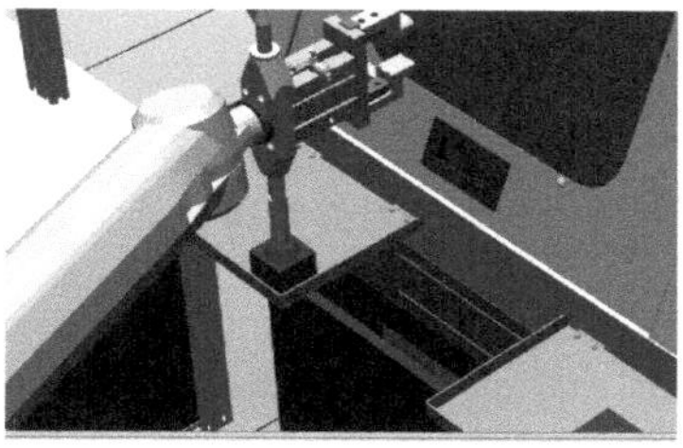	将物料搬运至左边托盘。(左边托盘在搬运过程中起中转作用,物料挨着摆放时无法用夹爪夹取,吸盘吸料时进不了机床内部,需要将物料放进夹具)
状态 4	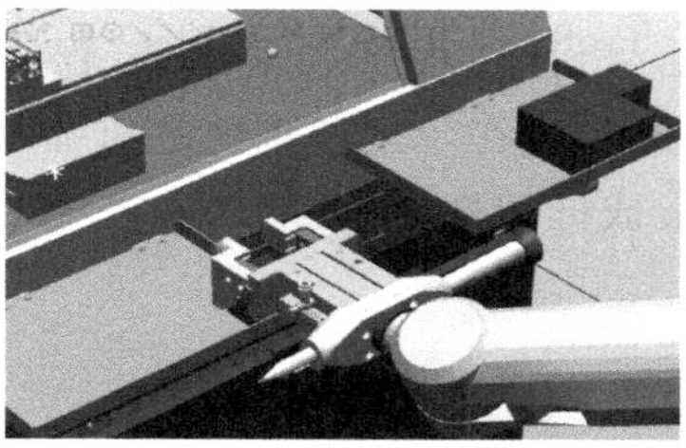	改换夹钳式夹爪,抓取物料送入机床。
状态 5	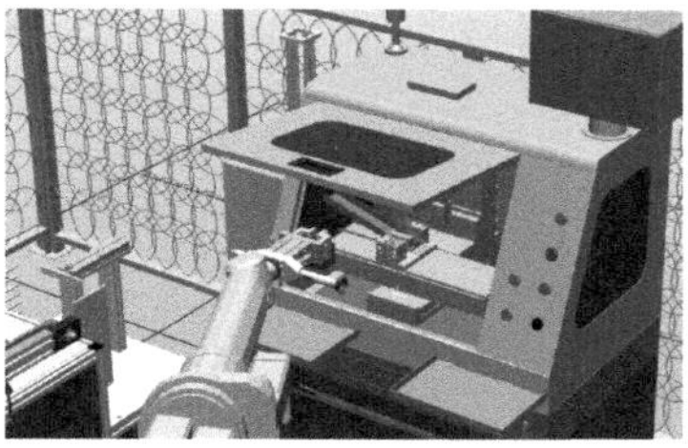	机床加工完成后,用夹爪取回物料放入左边托盘。
状态 6	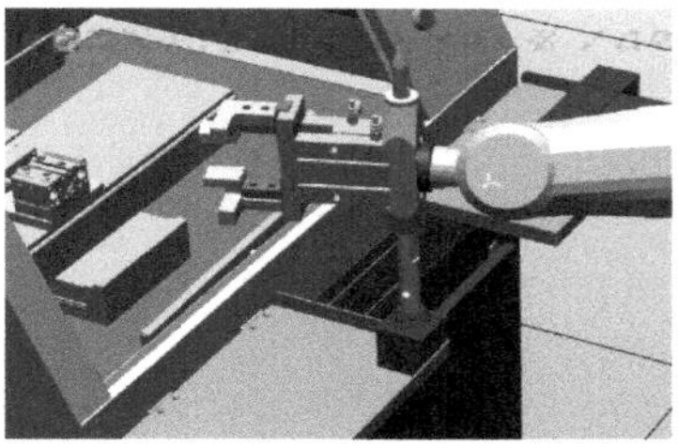	切换吸盘吸取工件,将工件送至视觉跟踪线的托盘内。
状态 7	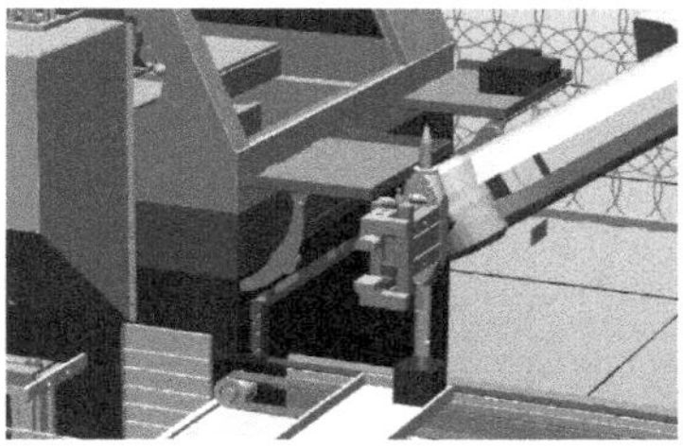	将加工后的物料放入托盘。
状态 8	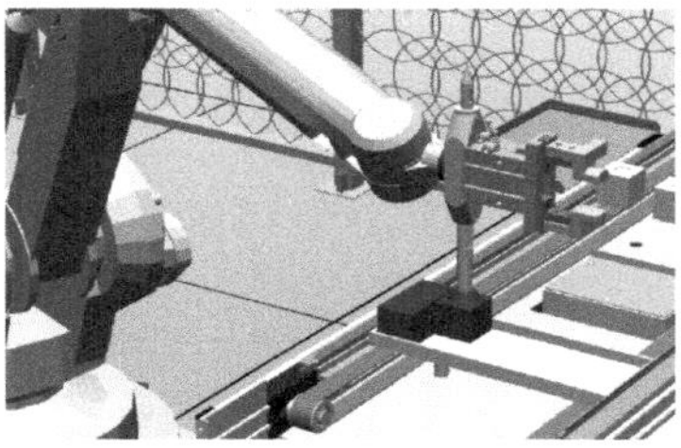	将后面的物料按顺序整齐摆放。

续表

编　　号	图　　示	说　　明
状态 9	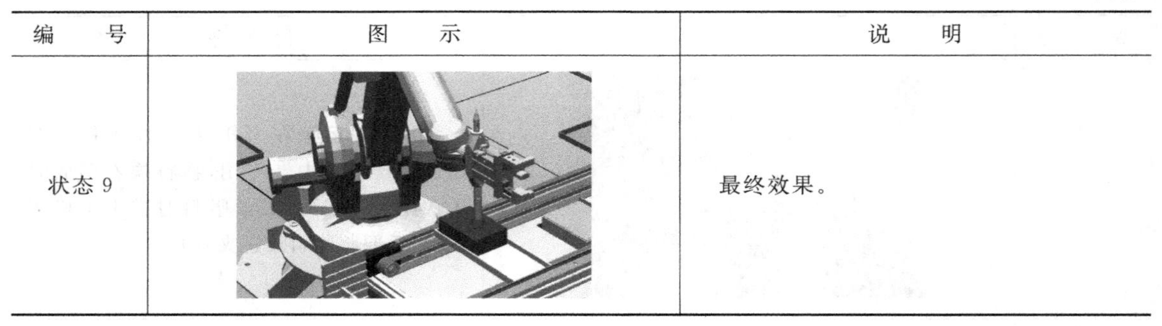	最终效果。

应用工业机器人通过运动环境配置、I/O 信号设计、程序数据定义、程序编辑、项目调试完成上述机器人要实现的九个基本状态。本任务的主旨在于让学生熟悉机器人项目调试的过程，对机床上下料项目的上下料、信号判断等内容形成框架性认知。

实践评价

(1) 完成实践环境的安装(10 分)。
(2) 完成项目规定坐标系的建立(10 分)。
(3) 编写程序完成机器人目标点示教(20 分)。
(4) 程序自动运行(30 分)。
(5) 录制动作视频(10 分)。
(6) 总结实验流程(20 分)。

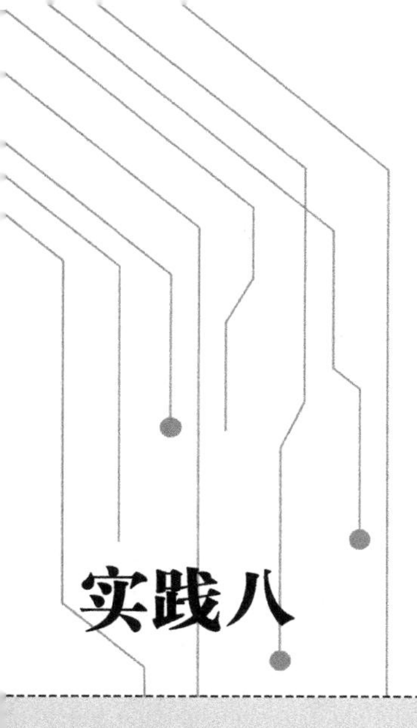

实践八

工业机器人项目应用(码垛)

码垛机器人是机电一体化高新技术产品。中、低位码垛机器人可以满足中低产量的生产需要，可按照要求的编组方式和层数，完成对料袋、胶块、箱体等各种产品的码垛。码垛机器人将已装入容器的物体，按一定排列顺序码放在托盘、栈板（木质、塑胶）上，进行自动堆码，可多层堆码，然后推出，便于叉车运至仓库储存。码垛机器人可以集成在任何生产线中，使生产现场实现智能化、机器人化、网络化，可以实现饮料和食品行业等多种多样作业的码垛物流。

在采用码垛机器人的时候，需要考虑一个重要的问题，就是机器人怎样抓住一个产品。真空抓手是最常见的机械臂臂端工具，相对来说，它们价格便宜，易于操作，而且能够有效装载大部分负载物。但是在一些特定的应用中，真空抓手也会遇到问题，例如表面多孔的基质，内容物为液体的软包装，或者表面不平整的包装等。其他的工具包括翻盖式抓手，它能将一个袋子或者其他形式的包装的两边夹住；叉子式抓手，它插入包装的底部来将产品提升起来；还有袋子式抓手，它是翻盖式抓手和叉子式抓手的混合体，它的叉子部分能包裹住包装的底部和两边。

8.1 任务描述

本任务利用 ABB 工业机器人 IRB1410 来完成输送线末端物料的码垛工作。本任务基于实训室环境选用的是 IRB1410 工业机器人，本任务也可利用专用的 4 轴码垛机器人 IRB460，IRB460 是全球速度最快的码垛机器人，主要用于生产线末端进行高速码垛作业。码垛机器人 IRB460 的操作节拍最高可达每小时循环 2190 次，运行速度比同类常规机器人提升了 15%，作业覆盖范围为 2.4 米。同时，其占地面积比一般码垛机器人节省五分之一，更适用于在狭小的空间内进行高速作业，主要用来完成包装箱的码垛工作。码垛机器人在输送线的末端拾取产品，然后按照预定程序执行，左右垛板分别码垛。利用双输送线将物料输送到末端，再由机器人将对应输送线上的物料拾取放到对应的垛盘上。

本工作站中已经预设搬运动作效果与 I/O 配置，只需要在此工作站中依次完成程序数据创建、目标点示教、程序编写及调试，最终完成整个码垛工作。

码垛是工业机器人应用的重要领域，码垛机器人服务于化工、建材、饮料、食品等行业生产线物料、货物的堆放等。除 IRB460 外，ABB 公司还推出了用于整层码垛的机器人 IRB 760，以及全系列的专用码垛夹具和人性化编程软件，大幅提高了码垛应用的编程效率，使物料码垛更为准确、高效。

8.2 工艺介绍

8.2.1 布局图

根据已知信息，对占地面积及工艺流程的流畅性和可行性进行分析，做出比较合理的布局方式，包括 ABB 工业机器人 IRB1410 本体、ABB 工业机器人 IRB1410 控制柜、双输送线、垛盘、机器人作业平台（配盘桌），如图 8-1 所示。

8.2.2 设计要点

以下内容是根据客户现场的实际情况总结出来的设计要点，码垛工作站相对来说比较简

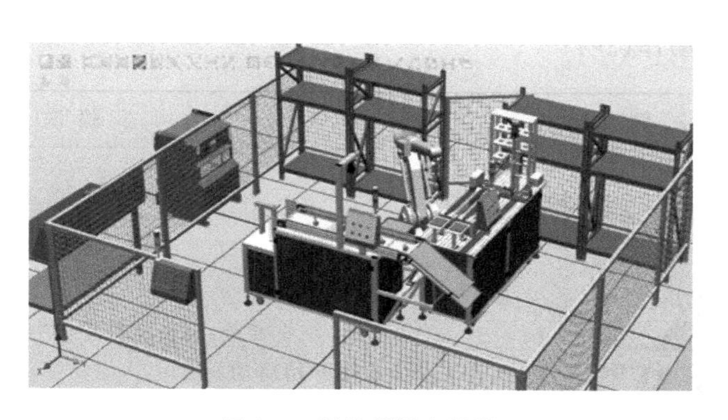

图 8-1 码垛项目布局图

单,主要是输送线和机器人之间的通信,然后把相关工艺、产品、节拍和环境了解清楚就可以了,具体如下。

目标:用机器人在对应的输送线上拾取方块物料,然后搬运到对应垛盘上进行码垛,全程无人员参与;产品:方块物料;规格:长 75 mm,宽 50 mm,高 50 mm,重 1 kg;码垛节拍:平均 6.5 s/件。

8.2.3 工艺流程

1. 码垛工作站工艺流程

码垛工作站工艺流程如表 8-1 所示。

表 8-1 码垛工作站工艺流程

步骤	作业名称	作业内容	备注
第 1 步	作业准备,系统启动	工作前的准备(首次启动前,人工将运行条件准备好)	人工作业
第 2 步	输送线开始动作	①双输送线开始向末端输送产品; ②该输送线的产品到位后发送到位信号给机器人	设备作业
第 3 步	机器人开始拾取物料	①机器人回原位(通过检测是否需要回原位),然后计算码垛位置; ②机器人根据对应的到位信号开始到对应的输送线末端拾取产品; ③机器人拾取产品后运动到安全高度	设备作业
第 4 步	机器人开始物料码垛	①机器人从拾取安全点运动到码垛放置安全点; ②机器人开始到对应垛盘码垛; ③机器人码垛完成后回到码垛安全点	设备作业
第 5 步	循环工作	①机器人判断垛盘情况,对应处理; ②机器人重复步骤 1~5	

2. 机器人各环节动作说明

动作示例	步骤说明
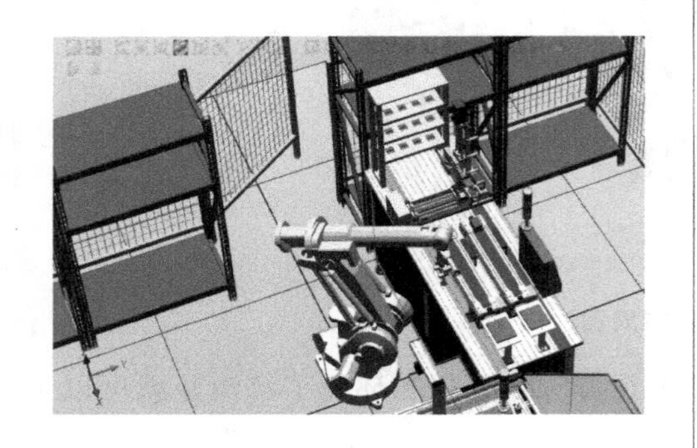	1. 作业准备,点击软件中的“仿真”,选择“播放”,这时系统开始启动。
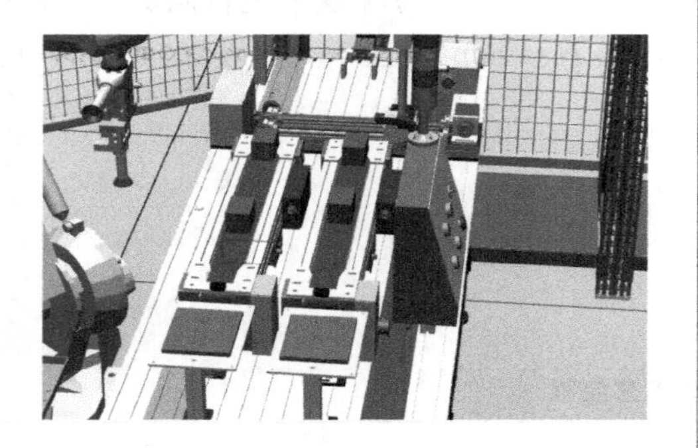	2. 输送线开始向末端输送产品。
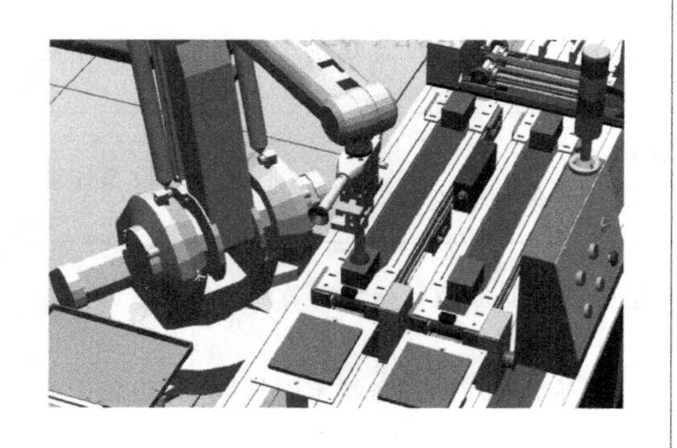	3. 产品到位后发送信号给机器人,这时机器人开始到对应输送线拾取产品。
	4. 机器人拾取产品后回到安全点。

续表

动 作 示 例	步 骤 说 明
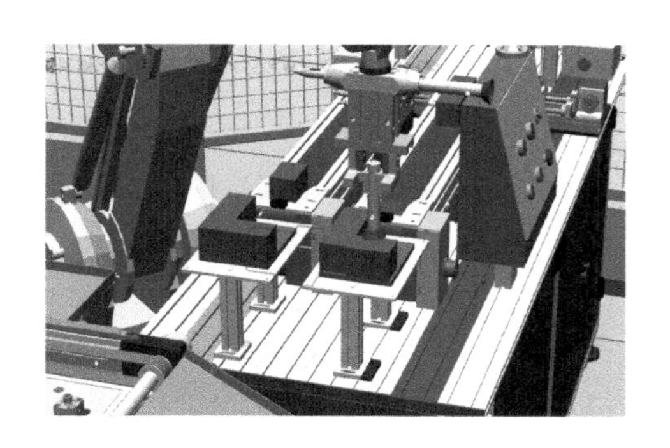	5. 机器人到对应垛盘开始物料码垛。直到机器人将对应垛盘放满后，机器人输出满载信号通知操作员来更换垛盘，垛盘更换完成后机器人继续从头开始工作。

8.3 任务实施

8.3.1 任务实施流程

任务实施流程如下。

图 示	流 程 说 明
StationBackups practical_8 类型: 应用程序 practical_8 类型: RobotStudio 打包文件 practical_8 类型: RobotStudio 工作站文件	第 1 步：找到文件夹“实践八配套任务”，打开文件夹“StationBackups”后，打开应用程序“Practical_8”进行观看。
StationBackups practical_8 类型: 应用程序 practical_8 类型: RobotStudio 打包文件 practical_8 类型: RobotStudio 工作站文件	第 2 步：找到 RobotStudio 打包文件“Practical_8”并双击打开，根据解压向导解压该工作站，解压完成后关闭该解压对话框，等待控制器完成启动。

续表

图　　示	流程说明
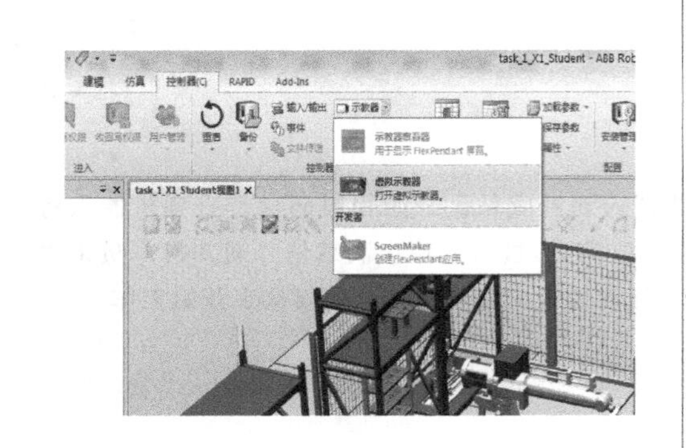	第3步：依次点击“控制器”“示教器”，打开“虚拟示教器”。
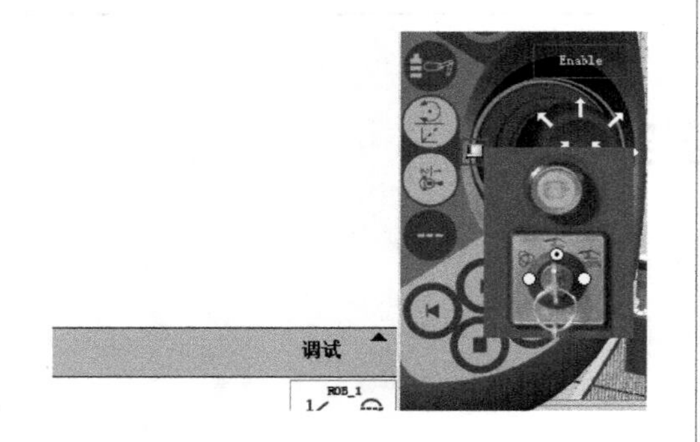	第4步：打开“虚拟示教器”，点击示教器上的小控制柜图标（位于手动摇杆的左边），将机器人的模式改为手动模式（钥匙在左侧为自动，在中间为手动，在右侧为全速手动，有的控制柜只有手动模式和自动模式两挡，没有全速手动模式）。
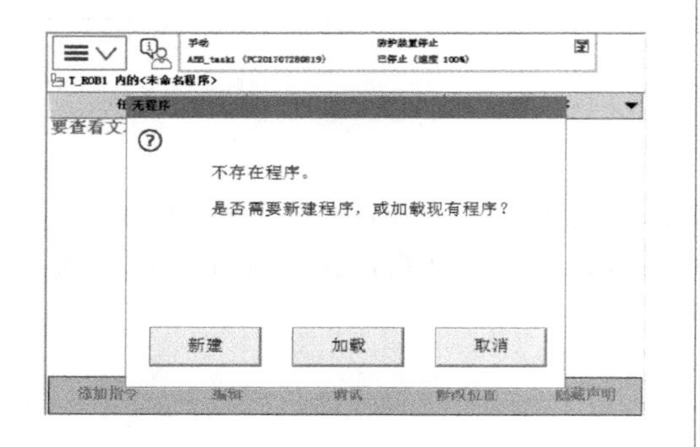	第5步：点击“ABB主菜单”，选择“程序编辑器”，点击“新建”，等待例行程序完成新建。
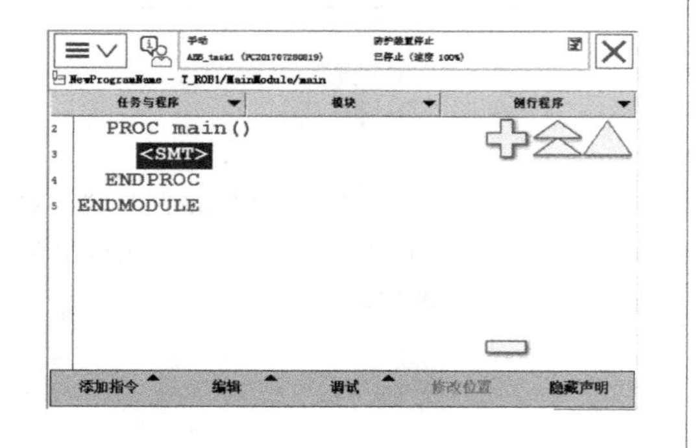	第6步：新建完成，开始进行编程（I/O配置已做好），开始编程之前完善程序数据（各程序数据见“程序数据说明”）。检查无误后示教目标点（可参考下方点位调试示意图），完成所有要用到的目标点示教。

续表

图　　示	流 程 说 明
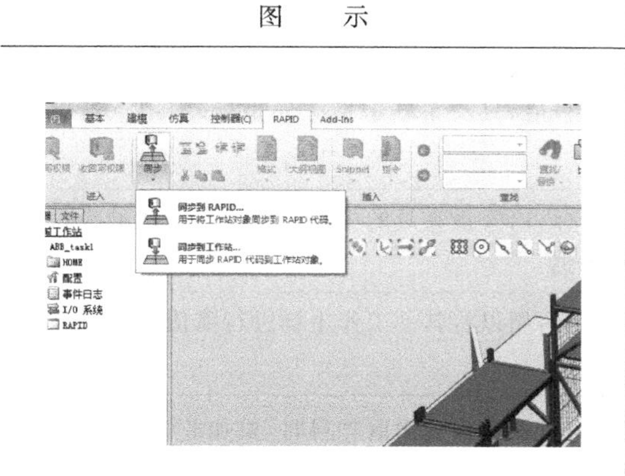	第 7 步：选择软件中的“RAPID”，点击“同步”，在下拉菜单(点击“同步”下方的一个向下的三角形图标)中选择“同步到工作站”，等待同步完成。
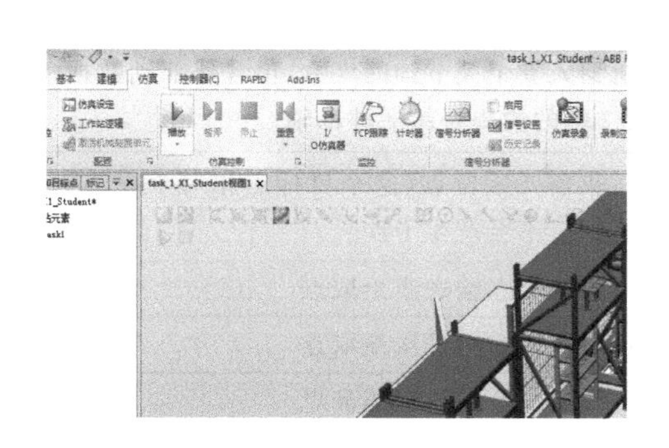	第 8 步：再次检查无误后选择软件中的“仿真”，点击“播放”按钮，工作站开始运行。
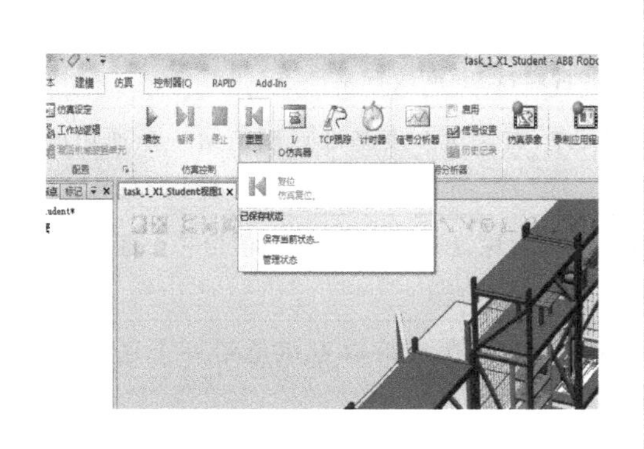	第 9 步：观察工作站运行情况，出现问题时点击“停止”按钮，然后点击“重置”按钮，在下拉菜单中选择复位(也可点击“停止”后按键盘上的“Ctrl＋Z”，向后撤消一步)。修改程序中有问题的部分后再次仿真工作站，直到工作站能顺利完成任务。

8.3.2 程序数据说明

码垛工作站程序数据说明如表 8-2 所示。

表 8-2　程序数据说明 2

序　号	名　　称	存储类型	数据类型	内容说明
1	WobjPallet_L	PERS	wobjdata	工件坐标：以垛盘的一个直角来创建工件坐标(当垛盘重新定位后，只需重新定义工件坐标，不用重新示教目标点)

续表

序号	名称	存储类型	数据类型	内容说明
2	WobjPallet_R	PERS	wobjdata	工件坐标:以垛盘的一个直角来创建工件坐标(当垛盘重新定位后,只需重新定义工件坐标,不用重新示教目标点)
3	tool1	PERS	tooldata	工具坐标:以吸盘夹具的中心点位置来创建的吸盘夹具工具数据
4	CurWobj	PERS	wobjdata	工件坐标:用以将其他工作坐标进行赋值到同一个工件坐标
5	LoadFull	PERS	loaddata	载荷:当机器人吸盘吸取物料时,要加载物料的重量,当机器人放置完物料时,加载原有数据 load0(load0 的物料重量是 0)
6	jposHome	PERS	jointtarget	关节:机器人 6 个关节轴的度数,包含外部轴数据(机器人有第 7 轴的前提是激活外部轴)
7	pHome	CONST	robtarget	目标点:机器人原位点(这个目标点相对于周边设备来说比较安全,不会产生干涉)
8	pPick_L	CONST	tooldata	目标点:机器人左输送线拾取点
9	pPick_R	CONST	tooldata	目标点:机器人右输送线拾取点
10	pPlaceBase0_L	CONST	robtarget	目标点:左垛盘 0 度放置基准点
11	pPlaceBase90_L	CONST	robtarget	目标点:左垛盘 90 度放置基准点
12	pPlaceBase0_R	CONST	robtarget	目标点:右垛盘 0 度放置基准点
13	pPlaceBase90_R	CONST	robtarget	目标点:右垛盘 90 度放置基准点
14	pPlaceBase0	PERS	robtarget	目标点:左、右垛盘 0 度基准点赋值给一个通用的 0 度基准点
15	pPlaceBase90	PERS	robtarget	目标点:左、右垛盘 90 度基准点赋值给一个通用的 90 度基准点
16	pPick	PERS	robtarget	目标点:左、右输送线拾取点赋值给一个通用的拾取点
17	pPlace	PERS	robtarget	目标点:左、右垛盘码垛放置点赋值给一个通用的垛盘码垛放置点
18	pPickSafe	PERS	robtarget	目标点:拾取点上方安全点
19	nCycleTime	PERS	num	数字:将计时时钟转换为数字
20	nCount_L	PERS	num	数字:左垛盘码垛计数
21	nCount_R	PERS	num	数字:右垛盘码垛计数
22	nPallet	PERS	num	数字:垛盘码垛计数
23	nPalletNo	PERS	num	数字:垛盘号
24	nPickH	PERS	num	数字:拾取点 Z 值偏移高度

续表

序号	名称	存储类型	数据类型	内容说明
25	nPlaceH	PERS	num	数字:码垛放置点Z值偏移高度
26	nBoxL	PERS	num	数字:方块物料长度
27	nBoxW	PERS	num	数字:方块物料宽度
28	nBoxH	PERS	num	数字:方块物料高度
29	Timer1	VAR	clock	时钟:计时时钟
30	bReady	PERS	bool	布尔量:准备拾取
31	bPalletFull_L	PERS	bool	布尔量:左垛盘错误
32	bPalletFull_R	PERS	bool	布尔量:右垛盘错误
33	bGetPosition	PERS	bool	布尔量:进行左、右码垛的识别
34	iPallet_L	VAR	intnum	中断:左垛盘换垛盘
35	iPallet_R	VAR	intnum	中断:右垛盘换垛盘
36	vMinEmpty	PERS	speeddata	速度:机器工具上空载运行的最低速度
37	vMidEmpty	PERS	speeddata	速度:机器工具上空载运行的中等速度
38	vMaxEmpty	PERS	speeddata	速度:机器工具上空载运行的最高速度
39	vMinLoad	PERS	speeddata	速度:机器工具上带载荷运行的最低速度
40	vMidLoad	PERS	speeddata	速度:机器工具上带载荷运行的中等速度
41	vMaxLoad	PERS	speeddata	速度:机器工具上带载荷运行的最高速度
42	Compensation {15,3}	PERS	num	数字:数组

8.3.3 码垛工作站I/O列表

码垛工作站I/O列表如表8-3所示。

表8-3 码垛工作站I/O列表

1. I/O板说明				
Name	使用来自模板的值		Network	Address
Board10	DSQC 652		DeviceNet	10
2. I/O信号列表				
Name	Type of Signal	Assiigend to Device	Device Mapping	I/O说明
do00_VacunmOpen	DO	Board10	0	打开真空夹具
do01_CycleOn	DO	Board10	1	外接“循环开始”
do02_PalletFull_L	DO	Board10	2	左垛盘错误
do03_PalletFull_R	DO	Board10	3	右垛盘错误
do04_Error	DO	Board10	4	外接“执行错误”
do05_AutoOn	DO	Board10	5	外接“自动运行”
do06_Estop	DO	Board10	6	外接“紧急停止”

续表

2. I/O 信号列表				
Name	Type of Signal	Assiigend to Device	Device Mapping	I/O 说明
di00_BoxInPos_L	DI	Board10	0	左输送线产品到位信号
di01_BoxInPos_R	DI	Board10	1	右输送线产品到位信号
di02_PalletInPos_L	DI	Board10	2	左垛盘在位信号
di03_PalletInPos_R	DI	Board10	3	右垛盘在位信号
di04_Start	DI	Board10	4	外接“开始”
di05_Stop	DI	Board10	5	外接“停止”
di06_MotorOn	DI	Board10	6	外接“马达上电”
di07_StartAtMain	DI	Board10	7	外接“从主程序开始”
di08_EstopReset	DI	Board10	8	外接“急停复位”
di09_VacunmOK	DI	Board10	9	真空夹具反馈信号

3. 系统输入输出关联配置表			
系统信号种类	信 号 名 称	功能/状态	Argument
System Input	di04_Start	Start	Continuous
System Input	di05_Stop	Stop	
System Input	di06_MotorOn	Motors On	
System Input	di07_StartAtMain	Start at Main	Continuous
System Input	di08_EstopReset	Reset Emergency Stop	
System Output	do01_CycleOn	CycleOn	
System Output	do04_Error	Error	T_ROB1
System Output	do05_AutoOn	AutoOn	
System Output	do06_Estop	EmStop	

4. 信号网络					
机器人输出			机器人输入		
ABB 工业机器人	PLC(Smart 组件)	备注	PLC(Smart 组件)	ABB 工业机器人	备注
do00_Vacunm	di_Vacunm		do_BoxInPos_L	di00_BoxInPos_L	
			do_BoxInPos_R	di01_BoxInPos_R	
			do_PalletInPos_L	di02_PalletInPos_L	
			do_PalletInPos_R	di03_PalletInPos_R	
			do_VacuumOK	di09_VacunmOK	

8.3.4 程序说明

1. 程序结构说明

程序结构说明如表 8-4 所示。

表 8-4　程序结构说明 2

序号	名称	类型	内容	备注
1	MainMoudle	MODULE	模块:用人存放各例行程序	一个程序中可以有多个模块
2	main	PROC	例行程序:主程序,是一个程序的开头	一个程序中只能有一个主程序
3	rInitAll	PROC	例行程序:初始化,用来复位整个程序中的初始运行环境,包括信号、数据和回原位	一般用 WHLE 指令隔开,保证初始化程序只在程序开始时运行一次
4	rCheckHomePos	PROC	例行程序:机器人检测原位点,根据情况回到原位点	检测到机器人在原位,就不用回原位,不在原位则回原位
5	rPick	PROC	例行程序:机器人从固定位置拾取物料	机器人从固定位置拾取物料(由XY直角坐标机器人从立体仓库搬运物料到固定位置)
6	rCycleCheck	PROC	例行程序:循环检查	每次运行完都检查程序
7	rPlace	PROC	例行程序:机器人搬运物料后的放置	机器人从固定位置拾取物料并放置到指定垛盘上
8	rCalPosition	PROC	例行程序:计算机器人的放置点位	利用机器人的计数功能,结合放置基准点的偏移数据来计算放置点
9	rModPos	PROC	例行程序:示教机器人目标点程序	把要示教的目标点放置在一个例行程序中,方便调试时进行调用
10	rMoveAbsj	PROC	例行程序:机器人各关节轴回零位程序	在需要时进行调用
11	CurrentPos	FUNC	功能程序:机器人在检测原位时会调用此功能程序	这里写入的是 pHome,是将当前机器人位置与 pHome 点进行比较,若在 Home 点,则此布尔量为 True;若不在 Home 点,则此布尔量为 False
12	rPlaceRD	PROC	例行程序:检查左、右垛盘有没有放满	检查左、右垛盘有没有放满,放满则通知换垛盘
13	pPattern	FUNC	功能程序:在机器人码垛计算点位时调用	计算码垛点位时进行调用,计算码垛放置目标点
14	tEjectPallet_L	TRAP	中断程序:左垛盘换垛盘时触发	左垛盘换垛盘时触发
15	tEjectPallet_R	TRAP	中断程序:右垛盘换垛盘时触发	右垛盘换垛盘时触发

2. 程序示例

```
MODULE MainMoudle
! 主程序模块 MainMoudle
  TASK PERS wobjdata WobjPallet_L:= [FALSE,TRUE,"",[[863.523,- 291.702,666],[1,0,0,0]],[[0,0,0],[1,0,0,0]]];
! 定义垛盘工件坐标系
  TASK PERS wobjdata WobjPallet_R:= [FALSE,TRUE,"",[[1078.693,- 291.702,666],[1,0,0,0]],[[0,0,0],[1,0,0,0]]];
! 定义垛盘工件坐标系
PERS tooldata tool1:= [TRUE,[[0.053,0.724,275],[1,0,0,0]],[1,[0,0,200],[1,0,0,0],0,0,0]];
! 定义工具坐标系数据 tool1
PERS wobjdata CurWobj:= [FALSE,TRUE,"",[[1078.69,- 291.702,666],[1,0,0,0]],[[0,0,0],[1,0,0,0]]];
! 定义垛盘工件坐标系
PERS loaddata LoadFull:= [1,[0,0,300],[1,0,0,0],0,0,0.1];
! 定义有效载荷数据 LoadFull
PERS jointtarget jposHome:= [[0,0,0,0,0,0],[9E+ 09,9E+ 09,9E+ 09,9E+ 09,9E+ 09,9E+ 09]];
! 关节目标点数据,各关节轴度数为 0,即机器人回到各关节轴机械刻度零位
CONST robtarget pHome:= [[667.195349279,0.052999537,834.999918204],[- 0.000000469,0.707107007,0.707106555,0.000000469],[0,0,1,0],[9E+ 09,9E+ 09,9E+ 09,9E+ 09,9E+ 09,9E+ 09]];
CONST robtarget pPick_L:= [[940.562268376,44.584806275,856.000233036],[- 0.000000214,0.707106315,0.707107248,- 0.000000235],[0,0,1,0],[9E+ 09,9E+ 09,9E+ 09,9E+ 09,9E+ 09,9E+ 09]];
CONST robtarget pPick_R:= [[1140.562214837,42.184633172,856.000176229],[- 0.000000233,0.707106649,0.707106913,- 0.000000251],[0,0,1,0],[9E+ 09,9E+ 09,9E+ 09,9E+ 09,9E+ 09,9E+ 09]];
CONST robtarget pPlaceBase0_L:= [[24.999743063,37.086424541,50.000694999],[0.000000144,0.70710666,0.707106903,0.00000008],[- 1,0,0,0],[9E+ 09,9E+ 09,9E+ 09,9E+ 09,9E+ 09,9E+ 09]];
CONST robtarget pPlaceBase90_L:= [[87.498592333,24.586730464,49.998865315],[0.000000187,- 0.000000507,1,- 0.000000053],[- 1,- 1,- 1,0],[9E+ 09,9E+ 09,9E+ 09,9E+ 09,9E+ 09,9E+ 09]];
CONST robtarget pPlaceBase0_R:= [[24.830167113,37.086146317,50.000473029],[0.000000124,0.70710667,0.707106892,0.000000077],[- 1,- 1,0,0],[9E+ 09,9E+ 09,9E+ 09,9E+ 09,9E+ 09,9E+ 09]];
CONST robtarget pPlaceBase90_R:= [[87.500100825,24.586459297,50.001290967],[0.000000186,- 0.000000499,1,- 0.000000043],[- 1,- 1,- 1,0],[9E
```

```
+ 09,9E+ 09,9E+ 09,9E+ 09,9E+ 09,9E+ 09]];
```

！需要示教的目标点数据一共有 7 个:原位点 pHome、左抓取点 pPick_L、右抓取点 pPick_R、左垛盘 0 度放置基准点 pPlaceBase0_L、左垛盘 90 度放置基准点 pPlaceBase90_L、右垛盘 0 度放置基准点 pPlaceBase0_L、右垛盘 90 度放置基准点 pPlaceBase90_L

```
PERS robtarget pPlaceBase0;
PERS robtarget pPlaceBase90;
PERS robtarget pPick;
PERS robtarget pPlace;
PERS robtarget pPickSafe;
！可变量目标点数据,通过上方需要示教的 7 个目标点数据进行赋值
PERS num nCycleTime:= 2.299;
！计时时钟转换成数字数据
PERS num nCount_L:= 2;
PERS num nCount_R:= 2;
PERS num nPallet:= 1;
PERS num nPalletNo:= 2;
PERS num nPickH:= 100;
PERS num nPlaceH:= 100;
PERS num nBoxL:= 75;
PERS num nBoxW:= 50;
PERS num nBoxH:= 50;
！数字数据
VAR  clock Timer1;
！计时时钟
PERS bool bReady:= FALSE;
PERS bool bPalletFull_L:= FALSE;
PERS bool bPalletFull_R:= FALSE;
PERSbool bGetPosition:= TRUE;
！布尔量数据
VAR intnum iPallet_L;
VAR intnum iPallet_R;
！中断数据
PERS speeddata vMinEmpty:= [2000,400,6000,1000];
PERS speeddata vMidEmpty:= [3000,400,6000,1000];
PERS speeddata vMaxEmpty:= [5000,500,6000,1000];
PERS speeddata vMinLoad:= [1000,200,6000,1000];
PERS speeddata vMidLoad:= [2500,500,6000,1000];
PERS speeddata vMaxLoad:= [4000,500,6000,1000];
！速度数据
PERS num Compensation{15,3}:= [[0,0,0],[0,0,0],[0,0,0],[0,0,0],[0,0,0],[0,0,0],[0,0,0],[0,0,0],[0,0,0],[0,0,0],[0,0,0],[0,0,0],[0,0,0],[0,0,0],[0,0,0]];
```

```
! 数字数据,这个是数组
PROC main()
! 主程序 Main(可参考任务一里面原程序示例)
    rInitAll;
    WHILE TRUE DO
        IF bReady THEN
          rPick;
          rPlace;
        ENDIF
        rCycleCheck;
  ENDWHILE
ENDPROC

PROC rInitAll()
! 初始化例行程序(可参考任务一中的程序示例)
    rCheckHomePos;
    ConfL\OFF;
    ConfJ\OFF;
    nCount_L:= 1;
    nCount_R:= 1;
    nPallet:= 1;
    nPalletNo:= 1;
    bPalletFull_L:= FALSE;
    bPalletFull_R:= FALSE;
    bGetPosition:= FALSE;
    Reset do00_Vacunm;
    ClkStop Timer1;
    ClkReset Timer1;
! 将以上各种类型的数据和信号以及各种条件复位到准备重头工作时的状态
    IDelete iPallet_L;
      CONNECT iPallet_L WITH tEjectPallet_L;
      ISignalDI di02_PalletInPos_L,0,iPallet_L;
      IDelete iPallet_R;
      CONNECT iPallet_R WITH tEjectPallet_R;
ISignalDI di03_PalletInPos_R,0,iPallet_R;
! 中断,垛盘放满后机器人等待,垛盘在位信号由 1 变 0 时触发中断程序
ENDPROC

PROC rPick()
! 拾取例行程序(可参考任务一中的程序示例)
    ClkReset Timer1;
```

```
ClkStart Timer1;
! 先复位时钟数据,然后计时时钟开始计时
    rCalPosition;
! 计算码垛点位的例行程序
    MoveJ Offs(pPick,0,0,nPickH),vMaxEmpty,z50,tool1\WObj:= wobj0;
    MoveL pPick,vMinLoad,fine,tool1\WObj:= wobj0;
    Set do00_Vacunm;
    Waittime 0.3;
    GripLoad LoadFull;
    MoveJ Offs(pPick,0,0,nPickH),vMinLoad,z50,tool1\WObj:= wobj0;
    MoveJ pPickSafe,vMaxLoad,z100,tool1\WObj:= wobj0;
ENDPROC

PROC rPlace()
! 放置码垛例行程序(可参考任务一中的程序示例)
    MoveJ Offs(pPlace,0,0,nPlaceH),vMaxLoad,z50,tool1\WObj:= CurWobj;
    MoveL pPlace,vMinLoad,fine,tool1\WObj:= CurWobj;
    Reset do00_Vacunm;
    Waittime 0.3;
    GripLoad Load0;
    MoveJ Offs(pPlace,0,0,nPlaceH),vMinEmpty,z50,tool1\WObj:= CurWobj;
    rPlaceRD;
    MoveJ pPickSafe,vMaxEmpty,z50,tool1\WObj:= wobj0;
    ClkStop Timer1;
    nCycleTime:= ClkRead(Timer1);
! 先停止计时时钟,然后将计时时钟里的数值通过功能转换赋值给数字数据
nCycleTime
ENDPROC

PROC rCycleCheck()
! 循环检查例行程序
    TPErase;
    TPWrite "The Robot is running!";
    TPWrite "Last cycle time is:"\Num:= nCycleTime;
    TPWrite "The number of the Boxes in the Left pallet is:"\Num:= nCount_L
- 1;
    TPWrite "The number of the Boxes in the Right pallet is:"\Num:= nCount_R
- 1;
! 先将操作员窗口中的内容进行清屏,然后进行写屏操作
    IF(bPalletFull_L= FALSE AND di02_PalletInPos_L= 1 AND di00_BoxInPos_L
= 1)OR(bPalletFull_R= FALSE AND di03_PalletInPos_R= 1 AND di01_BoxInPos_R=
```

```
1)THEN
            bReady:= TRUE;
        ELSE
            bReady:= FALSE;
            WaitTime 0.1;
        ENDIF
    ENDPROC

    PROC rCalPosition()
        bGetPosition:= FALSE;
        WHILE bGetPosition= FALSE DO
          TEST nPallet
          CASE 1:
          IF bPalletFull_L= FALSE AND di02_PalletInPos_L= 1 AND di00_BoxInPos_
L= 1 THEN
            pPick:= pPick_L;
            pPlaceBase0:= pPlaceBase0_L;
            pPlaceBase90:= pPlaceBase90_L;
            CurWobj:= WobjPallet_L;
            pPlace:= pPattern(nCount_L);
            bGetPosition:= TRUE;
            nPalletNo:= 1;
          ELSE
            bGetPosition:= FALSE;
          ENDIF
            nPallet:= 2;
          CASE 2:
          IF bPalletFull_R= FALSE AND di03_PalletInPos_R= 1 AND di01_BoxInPos_
R= 1 THEN
            pPick:= pPick_R;
            pPlaceBase0:= pPlaceBase0_R;
            pPlaceBase90:= pPlaceBase90_R;
            CurWobj:= WobjPallet_R;
            pPlace:= pPattern(nCount_R);
            bGetPosition:= TRUE;
            nPalletNo:= 2;
          ELSE
            bGetPosition:= FALSE;
          ENDIF
            nPallet:= 1;
          DEFAULT:
```

```
        TPERASE;
        TPWRITE "The data 'nPallet' is error,please check it!";
          Stop;
      ENDTEST
  ! 根据以上两种情况判断机器人是否能抓取方块物料
    ENDWHILE
  ENDPROC
  FUNC robtarget pPattern(num nCount)
  ! 功能程序,根据对应的数据进行对应的码垛点进行位置赋值
      VAR robtarget pTarget;
    IF nCount> = 1 AND nCount< = 5 THEN
          pPickSafe:= Offs(pPick,0,0,50);
    ELSEIF nCount> = 6 AND nCount< = 10 THEN
          pPickSafe:= Offs(pPick,0,0,100);
    ENDIF
  ! 码垛层高,层高不同时,机器人码垛上方的安全高度也会进行相应的增减
      TEST nCount
      CASE 1:
          pTarget.trans.x:= pPlaceBase0.trans.x;
          pTarget.trans.y:= pPlaceBase0.trans.y;
          pTarget.trans.z:= pPlaceBase0.trans.z;
          pTarget.rot:= pPlaceBase0.rot;
          pTarget.robconf:= pPlaceBase0.robconf;
          pTarget:= Offs(pTarget,Compensation{nCount,1},Compensation{nCount,
2},Compensation{nCount,3});
  ! 对第一层第一个方块物料的码垛位置进行赋值
      CASE 2:
          pTarget.trans.x:= pPlaceBase0.trans.x;
          pTarget.trans.y:= pPlaceBase0.trans.y+ nBoxL;
          pTarget.trans.z:= pPlaceBase0.trans.z;
          pTarget.rot:= pPlaceBase0.rot;
          pTarget.robconf:= pPlaceBase0.robconf;
          pTarget:= Offs(pTarget,Compensation{nCount,1},Compensation{nCount,
2},Compensation{nCount,3});
  ! 对第一层第二个方块物料的码垛位置进行赋值
      CASE 3:
          pTarget.trans.x:= pPlaceBase90.trans.x;
          pTarget.trans.y:= pPlaceBase90.trans.y;
          pTarget.trans.z:= pPlaceBase90.trans.z;
          pTarget.rot:= pPlaceBase90.rot;
          pTarget.robconf:= pPlaceBase90.robconf;
```

```
pTarget:= Offs(pTarget,Compensation{nCount,1},Compensation{nCount,
2},Compensation{nCount,3});
    ! 对第一层第三个方块物料的码垛位置进行赋值
        CASE 4:
          pTarget.trans.x:= pPlaceBase90.trans.x;
          pTarget.trans.y:= pPlaceBase90.trans.y+ nBoxW;
          pTarget.trans.z:= pPlaceBase90.trans.z;
          pTarget.rot:= pPlaceBase90.rot;
          pTarget.robconf:= pPlaceBase90.robconf;
          pTarget:= Offs(pTarget,Compensation{nCount,1},Compensation{nCount,2},
Compensation{nCount,3});
    ! 对第一层第四个方块物料的码垛位置进行赋值
        CASE 5:
          pTarget.trans.x:= pPlaceBase90.trans.x;
          pTarget.trans.y:= pPlaceBase90.trans.y+ 2* nBoxW;
          pTarget.trans.z:= pPlaceBase90.trans.z;
          pTarget.rot:= pPlaceBase90.rot;
          pTarget.robconf:= pPlaceBase90.robconf;
          pTarget:= Offs(pTarget,Compensation{nCount,1},Compensation{nCount,2},
Compensation{nCount,3});
    ! 对第一层第五个方块物料的码垛位置进行赋值
        CASE 6:
          pTarget.trans.x:= pPlaceBase0.trans.x+ nBoxL;
          pTarget.trans.y:= pPlaceBase0.trans.y;
          pTarget.trans.z:= pPlaceBase0.trans.z+ nBoxH;
          pTarget.rot:= pPlaceBase0.rot;
          pTarget.robconf:= pPlaceBase0.robconf;
          pTarget:= Offs(pTarget,Compensation{nCount,1},Compensation{nCount,2},
Compensation{nCount,3});
    ! 对第二层第一个方块物料的码垛位置进行赋值
        CASE 7:
          pTarget.trans.x:= pPlaceBase0.trans.x+ nBoxL;
          pTarget.trans.y:= pPlaceBase0.trans.y+ nBoxL;
          pTarget.trans.z:= pPlaceBase0.trans.z+ nBoxH;
          pTarget.rot:= pPlaceBase0.rot;
          pTarget.robconf:= pPlaceBase0.robconf;
          pTarget:= Offs(pTarget,Compensation{nCount,1},Compensation{nCount,2},
Compensation{nCount,3});
    ! 对第二层第二个方块物料的码垛位置进行赋值
        CASE 8:
          pTarget.trans.x:= pPlaceBase90.trans.x- nBoxW;
```

```
        pTarget.trans.y:= pPlaceBase90.trans.y;
        pTarget.trans.z:= pPlaceBase90.trans.z+ nBoxH;
        pTarget.rot:= pPlaceBase90.rot;
        pTarget.robconf:= pPlaceBase90.robconf;
        pTarget:= Offs(pTarget,Compensation{nCount,1},Compensation{nCount,2},
Compensation{nCount,3});
    ! 对第二层第三个方块物料的码垛位置进行赋值
      CASE 9:
        pTarget.trans.x:= pPlaceBase90.trans.x- nBoxW;
        pTarget.trans.y:= pPlaceBase90.trans.y+ nBoxW;
        pTarget.trans.z:= pPlaceBase90.trans.z+ nBoxH;
        pTarget.rot:= pPlaceBase90.rot;
        pTarget.robconf:= pPlaceBase90.robconf;
        pTarget:= Offs(pTarget,Compensation{nCount,1},Compensation{nCount,2},
Compensation{nCount,3});
    ! 对第二层第四个方块物料的码垛位置进行赋值
      CASE 10:
        pTarget.trans.x:= pPlaceBase90.trans.x- nBoxW;
        pTarget.trans.y:= pPlaceBase90.trans.y+ 2* nBoxW;
        pTarget.trans.z:= pPlaceBase90.trans.z+ nBoxH;
        pTarget.rot:= pPlaceBase90.rot;
        pTarget.robconf:= pPlaceBase90.robconf;
        pTarget:= Offs(pTarget,Compensation{nCount,1},Compensation{nCount,2},
Compensation{nCount,3});
    ! 对第二层第五个方块物料的码垛位置进行赋值
      DEFAULT:
        TPErase;
        TPWrite "The data 'nCount' is error,please check it!";
        stop;
      ENDTEST
    ! 如果一个条件位置都没有满足,就进行写屏提醒并停止运行程序
      Return pTarget;
    ! 返回到进入功能程序的一行后继续向下运行程序
    ENDFUNC

    PROC rPlaceRD()
    ! 对左、右垛盘码垛个数进行计算,根据对应条件进行相应处理
      TEST nPalletNo
     CASE 1:
          Incr nCount_L;
          IF nCount_L> 10 THEN
```

```
                Set do02_PalletFull_L;
                bPalletFull_L:= TRUE;
                nCount_L:= 1;
            ENDIF
        CASE 2:
            Incr nCount_R;
            IF nCount_R> 10 THEN
                Set do03_PalletFull_R;
                bPalletFull_R:= TRUE;
                nCount_R:= 1;
            ENDIF
        DEFAULT:
            TPERASE;
            TPWRITE "The data 'nPalletNo' is error,please check it!";
            Stop;
        ENDTEST
    ENDPROC

    PROC rCheckHomePos()
    ! 检测原位例行程序
        VAR robtarget pActualPos;
      IF NOT CurrentPos(pHome,tool1)THEN
            pActualpos:= CRobT(\Tool:= tool1\WObj:= wobj0);
            pActualpos.trans.z:= pHome.trans.z;
            MoveL pActualpos,v500,z10,tool1;
            MoveJ pHome,v1000,fine,tool1;
        ENDIF
    ENDPROC

    FUNC bool CurrentPos(robtarget ComparePos,INOUT tooldata TCP)
    ! 检测原位时被调用的功能程序
        VAR num Counter:= 0;
        VAR robtarget ActualPos;
        ActualPos:= CRobT(\Tool:= TCP\WObj:= wobj0);
        IF ActualPos.trans.x> ComparePos.trans.x- 25ANDActualPos.trans.x<
ComparePos.trans.x+ 25trans.x+ 25 Counter:= Counter+ 1;
        IF ActualPos.trans.y> ComparePos.trans.y- 25 AND ActualPos.trans.y<
ComparePos.trans.y+ 25 Counter:= Counter+ 1;
        IF ActualPos.trans.z> ComparePos.trans.z- 25 AND ActualPos.trans.z<
ComparePos.trans.z+ 25 Counter:= Counter+ 1;
        IF ActualPos.rot.q1> ComparePos.rot.q1- 0.1 AND ActualPos.rot.q1<
```

```
ComparePos.rot.q1+ 0.1 Counter:= Counter+ 1;
        IF ActualPos.rot.q2> ComparePos.rot.q2- 0.1 AND ActualPos.rot.q2<
ComparePos.rot.q2+ 0.1 Counter:= Counter+ 1;
        IF ActualPos.rot.q3> ComparePos.rot.q3- 0.1 AND ActualPos.rot.q3<
ComparePos.rot.q3+ 0.1 Counter:= Counter+ 1;
        IF ActualPos.rot.q4> ComparePos.rot.q4- 0.1 AND ActualPos.rot.q4<
ComparePos.rot.q4+ 0.1 Counter:= Counter+ 1;
        RETURN Counter= 7;
    ENDFUNC

    TRAP tEjectPallet_L
      ! 左垛盘换垛盘触发的中断例行程序
        Reset do02_PalletFull_L;
    bPalletFull_L:= FALSE;
    ENDTRAP

    TRAP tEjectPallet_R
    ! 右垛盘换垛盘触发的中断例行程序
      Reset do03_PalletFull_R;
        bPalletFull_R:= FALSE;
    ENDTRAP
    PROC rMoveAbsj()
    ! 回机械零位例行程序,可根据需要手动调用
        MoveAbsJ jposHome\NoEOffs,v100,fine,tool1\WObj:= wobj0;
    ENDPROC

    PROC rModPos()
    ! 专用示教目标点例行程序,可根据需要手动调用
        MoveL pHome,v100,fine,tool1\WObj:= Wobj0;
        MoveL pPick_L,v100,fine,tool1\WObj:= Wobj0;
        MoveL pPick_R,v100,fine,tool1\WObj:= Wobj0;
        MoveL pPlaceBase0_L,v100,fine,tool1\WObj:= WobjPallet_L;
        MoveL pPlaceBase90_L,v100,fine,tool1\WObj:= WobjPallet_L;
        MoveL pPlaceBase0_R,v100,fine,tool1\WObj:= WobjPallet_R;
        MoveL pPlaceBase90_R,v100,fine,tool1\WObj:= WobjPallet_R;
    ENDPROC
    ENDMODULE
```

8.3.5 点位调试示意图

点位调试如图 8-2 至图 8-9 所示。

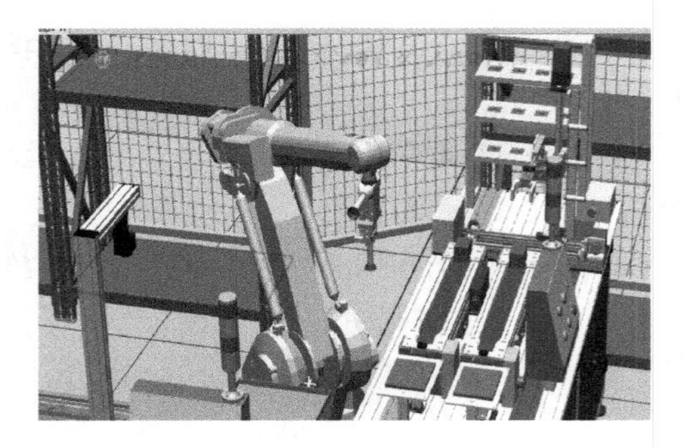

图 8-2 机器人原位点 pHome

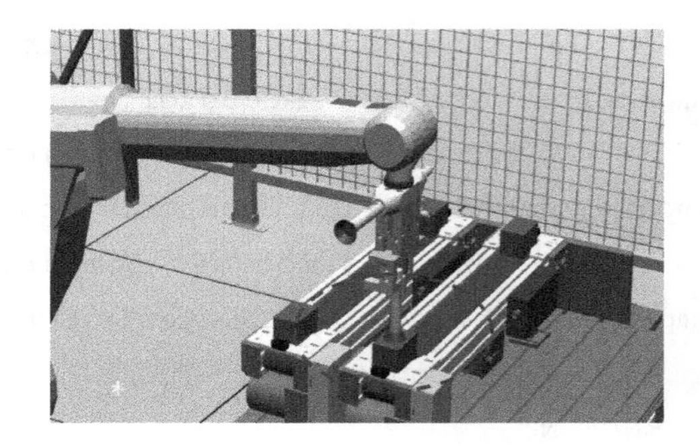

图 8-3 左输送线拾取点 pPick_L

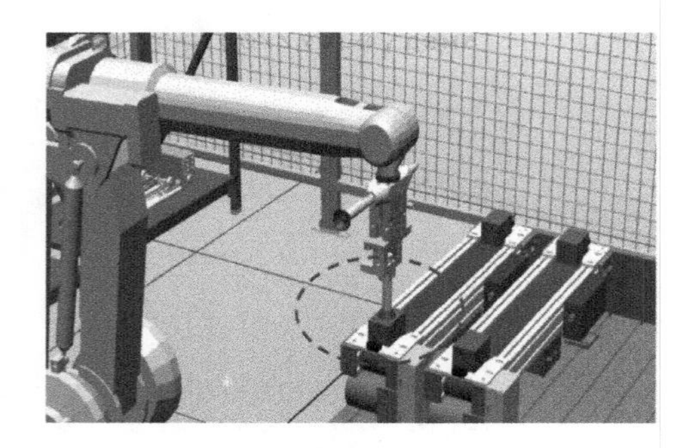

图 8-4 右输送线拾取点 pPick_R

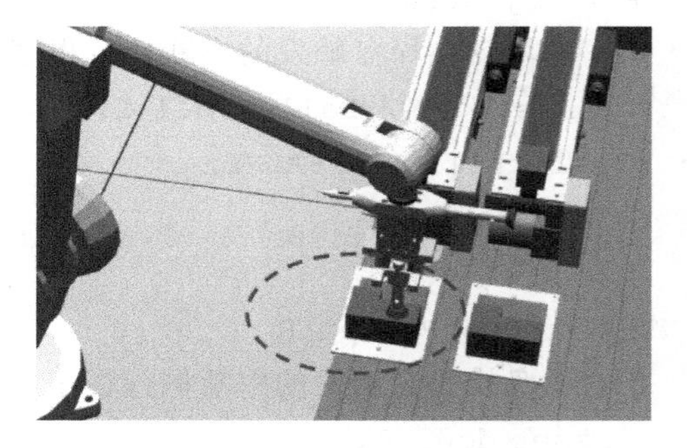

图 8-5 左码垛 0 度基准点 pPlaceBase0_L

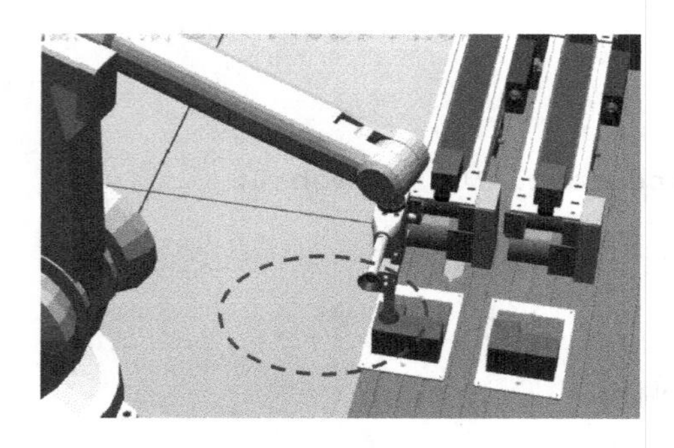

图 8-6 左码垛 90 度基准点 pPlaceBase90_L

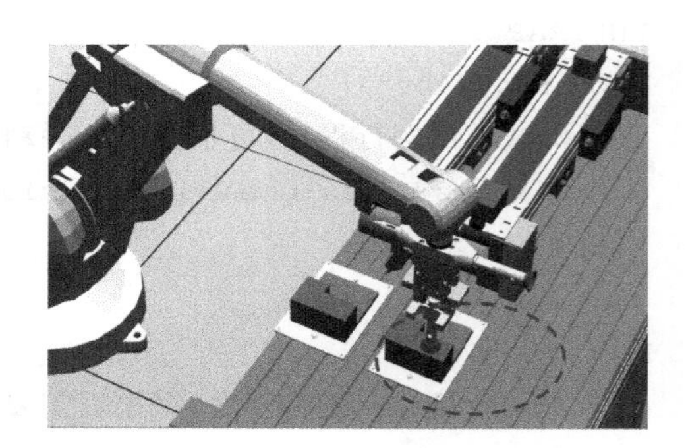

图 8-7 右码垛 0 度基准点 pPlaceBase0_R

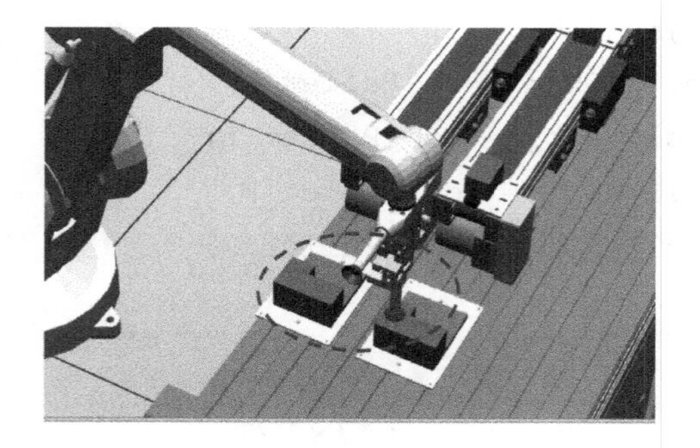

图 8-8 右码垛 90 度基准点 pPlaceBase90_R

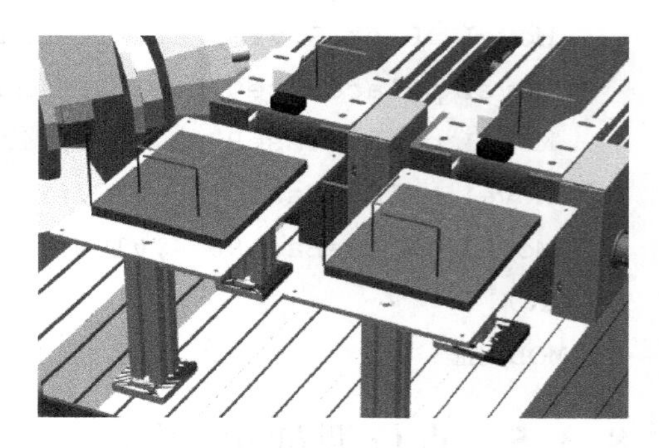

图 8-9 左垛盘工件坐标 WobjPallet_L

8.4 实践任务

设备介绍

(1) IRB1410 工业机器人:实现机器人示教、编程、I/O 通信。
(2) 输送线:变频控制运动速度和方向,实现产品的水平输送。
(3) 基础模组平台:功能模块安装定位平台,工作启动,状态显示。
(4) 末端操作器:含吸取、抓取、TCP 标定工具。
(5) 栈板:承载产品,堆垛平台。

实践目的

(1) 了解工业机器人码垛项目调试流程。
(2) 掌握一般程序编写的工作方法。
(3) 熟悉堆垛方式设计语言结构和参数含义。
(4) 理解码垛过程中机器人姿态配置的技巧。

实践要求

(1) 设计工业机器人的运动环境和 I/O 信号。
(2) 按指导老师的要求完成垛型设计。
(3) 程序设计体现原点判断、周期显示、产量统计等功能。

实践过程

编号	图示	说明
状态 1		左侧垛盘空置; 右侧垛盘以图示方式满载 10pcs 产品。

续表

编　　号	图　　示	说　　明
状态 2		机器人将右侧垛盘上的物料进行解包，吸附搬运到右输送线上。
状态 3	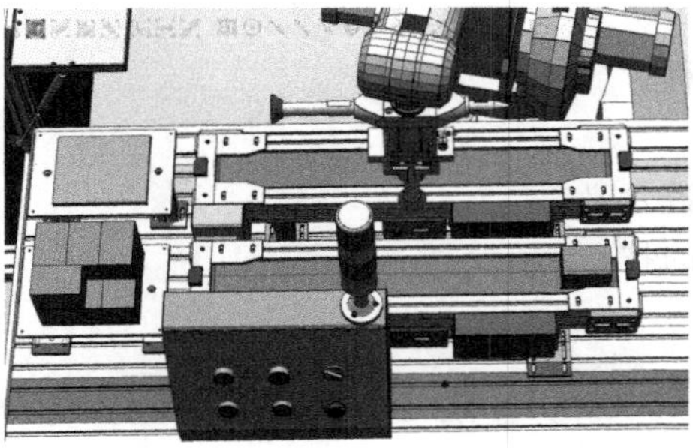	产品 1 被输送至左图所示的输送线末端。
状态 4	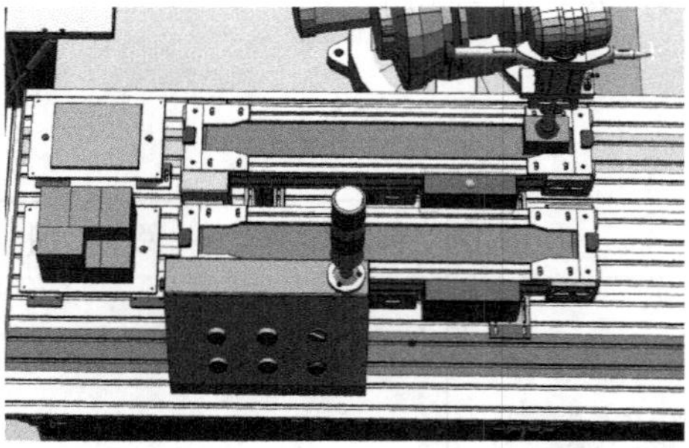	机器人将右输送线末端的产品搬运到左输送线上。
状态 5	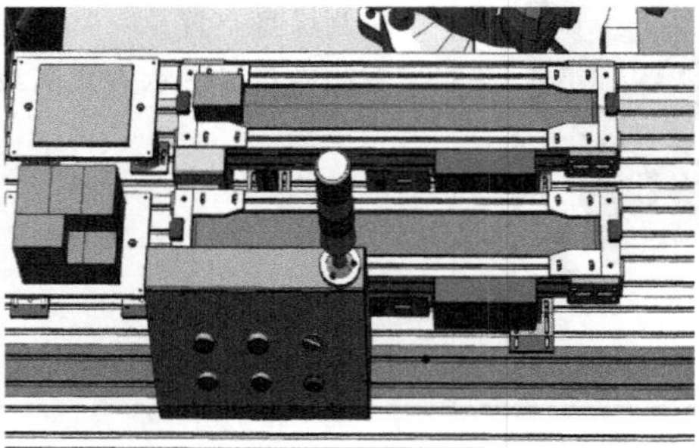	搬运到左输送线上的产品随输送线运动到左图所示末端，待机器人抓取。

续表

编　号	图　示	说　明
状态 6	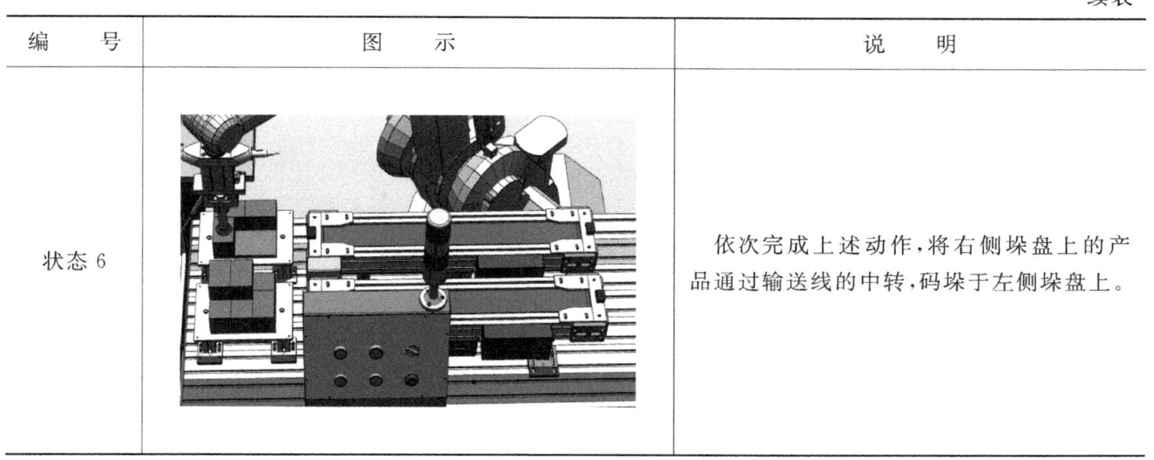	依次完成上述动作，将右侧垛盘上的产品通过输送线的中转，码垛于左侧垛盘上。

应用机器人通过运动环境配置、I/O 信号设计、程序数据定义、程序编辑、项目调试完成上述机器人要实现的 6 个基本状态。本任务的主旨在于让学生熟悉机器人项目调试的过程，对码垛项目的拆包、信号判断、堆垛等内容形成框架性认知。

实践评价

(1) 完成实践环境的安装(10 分)。
(2) 完成项目规定坐标系的建立(10 分)。
(3) 编写程序，完成机器人目标点示教(20 分)。
(4) 程序自动运行(30 分)。
(5) 录制动作视频(10 分)。
(6) 总结实验流程(20 分)。

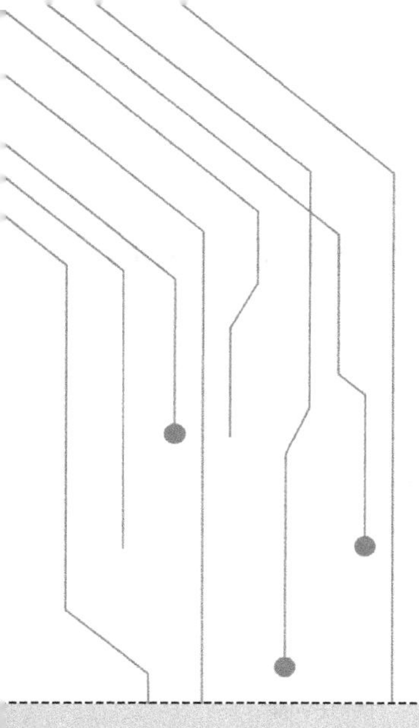

附　　录

附录 A 工业机器人通过 DeviceNet I/O 板与外部设备通信

工业机器人与基础模组操作面板通过 DeviceNet I/O 板连接拓扑图如附图 A-1 所示，灯和按钮在主控柜的端子和工业机器人 I/O 板的地址对应如附表 A-1 所示。

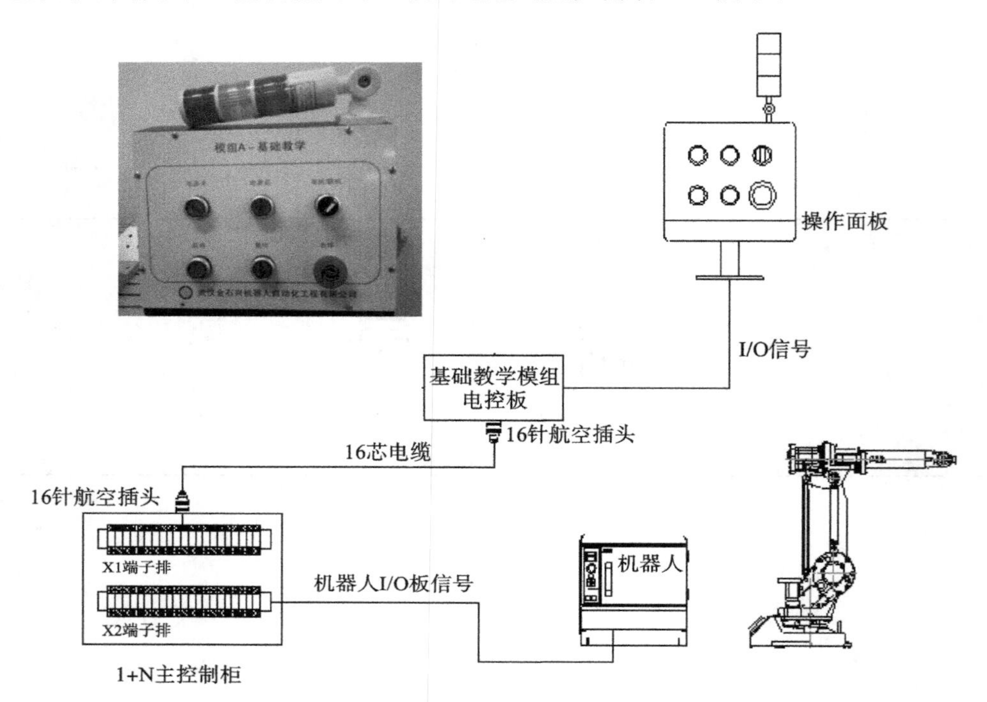

附图 A-1 工业机器人与基础模组操作面板通过 DeviceNet I/O 板连接拓扑图

附表 A-1 灯和按钮在主控柜的端子和工业机器人 I/O 板的地址对应表

序号	功 能	主控柜内端子	DSQC651 板地址
1	启动	I0.1	X3:0
2	复位	I0.2	X3:1
3	单机联机	I0.3	X3:2
4	红灯	Q0.5	X1:32
5	黄灯	Q0.6	X1:33
6	绿灯	Q0.6	X1:34

附录B 工业机器人通过 PROFINET 与外部设备通信

工业机器人与基础模组操作面板通过 PROFINET 连接拓扑图如附图 B-1 所示，灯和按钮在主控柜的端子和工业机器人数据交换区的地址对应表见附表 B-1 所示。

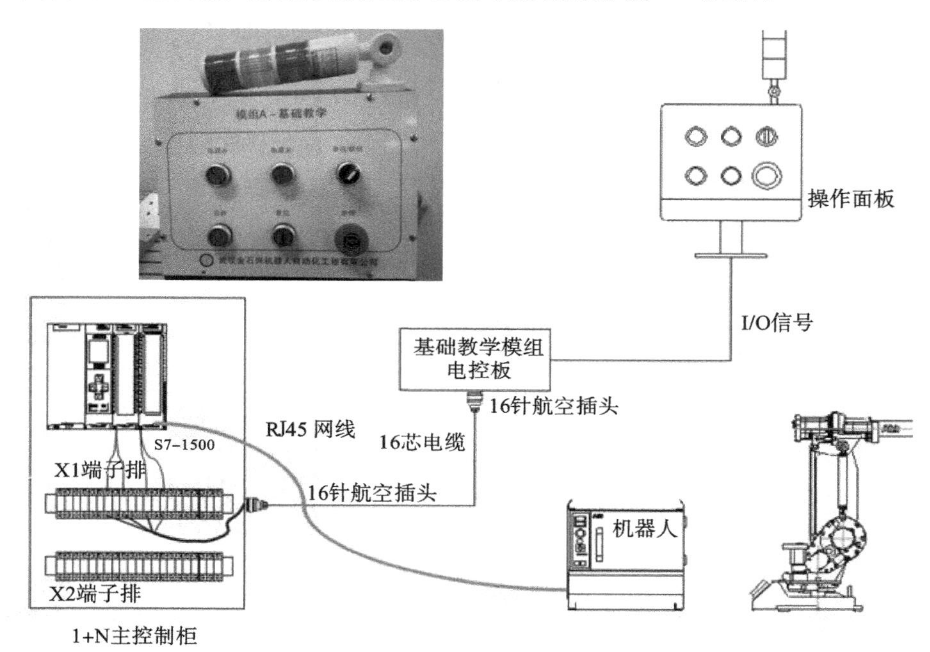

附图 B-1 工业机器人与基础模组操作面板通过 PROFINET 连接拓扑图

附表 B-1 灯和按钮在主控柜的端子和工业机器人数据交换区的地址对应表

序号	功　能	主控柜内端子	工业机器人数据交换区
1	启动	I0.1	0
2	复位	I0.2	1
3	单机联机	I0.3	2
4	红灯	Q0.5	0
5	黄灯	Q0.6	1
6	绿灯	Q0.6	2

附录C　二维码链接汇总表

序　　号	二维码链接资料名称	链接的二维码
1	实践一　工业机器人轨迹示教	
2	实践二　工业机器人运动环境配置	
3	实践三　工业机器人 I/O 通信	
4	实践四　工业机器人动作及编程	
5	实践五　工业机器人信号处理	
6	实践六　工业机器人程序流程控制	

参考文献 CANKAOWENXIAN

[1] 叶晖.工业机器人工程应用虚拟仿真教程[M].机械工业出版社,2014.
[2] 阎坤.自动化设备及生产线调试与维护[M].高等教育出版社,2002.
[3] 叶晖.工业机器人典型应用案例精析[M].机械工业出版社,2013.
[4] 韩鸿鸾,蔡艳辉,卢超.工业机器人现场编程与调试[M].化学工业出版社,2017.
[5] 韩鸿鸾.工业机器人工作站系统集成与应用[M].化学工业出版社,2017.
[6] 陈小艳,郭炳宇,林燕文.工业机器人现场编程(ABB)[M].高等教育出版社,2018.
[7] 蒋庆斌.工业机器人现场编程[M].机械工业出版社,2016.
[8] 陈志平.工业机器人自动焊接生产线的设计与调试[J].机床与液压,2016(23).
[9] 冯自涛.喷漆工业机器人控制系统的研究与设计[D].武汉:武汉理工大学,2013.